"十二五"职业教育国家规划教材 修订版

经全国职业教育教材审定委员会审定

数控铣削加工技术与技能

（华中系统）

第 2 版

主　编　王　岗

副主编　黎倩倩　庄诚羔

参　编　黄莹松　梁　瑞

主　审　娄海滨

机械工业出版社

CHINA MACHINE PRESS

本书是"十二五"职业教育国家规划教材修订版，是根据教育部新颁布的中等职业学校相关专业教学标准，同时参考数控铣床操作工（中级）职业资格标准，并结合当前我国中职教育课程改革的基本理念而编写的。全书内容按项目式教学的要求编排，强调理论与实践的结合和统一，着重培养学生的数控铣削编程与操作能力。

全书共设六个项目，包括数控铣床的基本操作、平面类零件的加工、轮廓类零件的加工、孔的加工、用简化编程指令铣削零件和数控铣工中级职业技能鉴定模拟试题。项目中每个任务均按照任务描述、知识链接、任务分析、任务实施、任务评价、知识拓展、思考练习的结构层次展开，有的任务还安排了知识拓展，并在重要知识点附近嵌入了二维码视频，方便读者学习。本书选定广泛使用的华中世纪星 HNC-21M 数控系统作为编程与机床操作的教学载体。

本书可作为中等职业学校机械加工技术、机械制造技术、数控技术应用专业的教材，也可作为数控铣床操作工中级考证和数控竞赛训练指导用书。

为方便教师教学，本书配套有电子教案、电子课件、视频等资源，使用本书作为教材的教师可登录 www.cmpedu.com 网站，注册后免费下载，或来电（010-88379375）索取。

使用本书的师生均可利用上述资源在机械工业出版社旗下的"天工讲堂"平台上进行在线教学、学习，实现翻转课堂与混合式教学。

图书在版编目（CIP）数据

数控铣削加工技术与技能：华中系统/王岗主编．—2 版．—北京：机械工业出版社，2021.4（2025.1 重印）
"十二五"职业教育国家规划教材：修订版
ISBN 978-7-111-67742-0

Ⅰ.①数… Ⅱ.①王… Ⅲ.①数控机床-铣削-中等专业学校-教材
Ⅳ.①TG547

中国版本图书馆 CIP 数据核字（2021）第 042514 号

机械工业出版社（北京市百万庄大街 22 号　邮政编码 100037）
策划编辑：王莉娜　责任编辑：王莉娜　赵文婕
责任校对：张晓蓉　封面设计：张　静
责任印制：李　昂
河北京平诚乾印刷有限公司印刷
2025 年 1 月第 2 版第 9 次印刷
184mm×260mm · 9.5 印张 · 231 千字
标准书号：ISBN 978-7-111-67742-0
定价：35.00 元

电话服务　　　　　　　　　网络服务
客服电话：010-88361066　　机　工　官　网：www.cmpbook.com
　　　　　010-88379833　　机　工　官　博：weibo.com/cmp1952
　　　　　010-68326294　　金　书　网：www.golden-book.com
封底无防伪标均为盗版　机工教育服务网：www.cmpedu.com

第2版前言

2019 年 1 月，国务院印发了《国家职业教育改革实施方案》(简称"职教 20 条")，2020 年 9 月，《教育部等九部门关于印发〈职业教育提质培优行动计划（2020—2023 年）〉的通知》中明确提出，深化教师、教材、教法改革（简称"三教"改革）。为进一步体现新技术、新工艺、新技能等在数控铣削中的应用，使信息技术与教学有机融合，适应"互联网+职业教育"新要求，我们结合教学反馈意见和建议，按照现行国家标准及"1+X"证书制度的要求，对"十二五"职业教育国家规划教材《数控铣削加工技术与技能（华中系统）》(以下简称第 1 版) 进行了修订。

本书保持了第 1 版的编写结构和形式，遵循知识体系形成规律，主要完成以下修订工作：

1. 修正第 1 版中的不当之处，并对部分内容进行了合并、补充和调整。

2. 增加符合科技发展的新技术、新工艺、新技能等相关知识拓展，力求通俗易懂。

3. 按照现行国家标准更新部分内容。

4. 为推进教育数字化，在书中主要知识点附近新增二维码，并提供微视频、仿真动画等数字化资源，便于师生在教与学的过程中获取相关的数字化学习资源，提高教学效率和质量。

5. 在书中每个加工任务后添加佳句卡片，以鼓励学生树立勇于付出、敢于创新的工匠精神。

本书由温岭市职业技术学校王岗任主编，黎倩倩、庄诚羔任副主编，参与编写的还有临海中等职业技术学校黄莹松和温岭市职业技术学校梁瑞。全书由鄞州职业教育中心学校特级教师娄海滨主审。具体编写分工如下：王岗、黎倩倩、梁瑞、庄诚羔编写前言、项目一、项目二、项目四、项目五、项目六及附录；黄莹松编写项目三。在本次修订过程中得到了浙江省特级教师杨宗斌、浙江省特级教师乐崇年提供了有益指导，在此一并表示感谢。

本次修订对全书内容进行了改进和完善，并以数字化立体教材为切入点进行了全面解构与重组，是一次突破性的尝试。但由于编者水平有限，书中不妥之处在所难免，恳请读者批评指正，以便后续改进和完善。

编　者

第1版前言

本书是按照教育部《关于中等职业教育专业技能课教材选题立项的函》（教职成司［2012］95号），由全国机械职业教育教学指导委员会和机械工业出版社联合组织编写的"十二五"职业教育国家规划教材，是根据教育部新颁布的中等职业学校相关专业教学标准，同时参考数控铣床操作工（中级）职业资格标准编写的。

本书在内容编排上特别注重所述工艺知识和技能的实用性和可操作性，并根据生产实际的需要，将专业知识学习与工作岗位技能培养有机整合，形成了以下鲜明的职业特色。

1. 符合"一体化"教学的需要。本书按"项目"来编写，在"项目"下设置有针对性的"任务"，符合理论和实操一体化的教学模式。

2. 内容编排符合学习规律，方便教学。项目编排按照从简单到复杂的原则，在项目引领下按照学生的认知规律和企业工作过程设计"任务"，先引导学生学习完成各项目所需要的知识和技能，再按照企业工作过程完成项目。

3. 遵循"以就业为导向"的原则，着力培养学生的实际工作能力。

4. 突出体现"知识新、技术新、技能新"的编写思想，以所介绍的知识和技能"实用、可操作性强"为基本原则，不追求理论知识的系统性和完整性。

本书的内容符合中职学生的认知规律，易于激发学生的学习兴趣。全书共设六个项目，项目中的每个任务均按照任务描述、知识链接、任务分析、任务实施、任务评价、知识拓展、思考练习的结构层次展开。本书选定广泛使用的华中世纪星 HNC-21M 数控系统作为编程与机床操作的教学载体。

本书由温岭市职业技术学校王岗任主编，曹克胜、黎倩倩任副主编，鄞州职业教育中心学校特级教师娄海滨担任主审。参与编写人员及具体分工如下：温岭市职业技术学校王岗、黎倩倩、梁瑞、潘科峰编写前言、项目一、项目四、项目五及附录，绍兴中等专业学校彭增鑫编写项目二，临海中等职业技术学校黄莹松编写项目三，鄞州职业教育中心学校曹克胜编写项目六。本书经全国职业教育教材审定委员会审定，评审专家对本书提出了宝贵的建议，在此对他们表示衷心的感谢！本书在编写过程中得到了嘉兴教育学院范家柱教研员、鄞州职业教育中心学校徐斌老师的有益指导，在此表示衷心的感谢！

由于编者水平有限，书中不妥之处在所难免，恳请读者批评指正。

编　者

二维码索引

（续）

序号	名称	二维码	页码	序号	名称	二维码	页码
17	程序校验		52	21	丝锥		94
18	钻孔刀具		80	22	螺纹铣削指令 G84、G74		95
19	浅孔钻削循环指令 G81		80	23	镜像指令 G24、G25		102
20	深孔钻削循环指令 G83		81	24	旋转指令 G68、G69		110

目　录

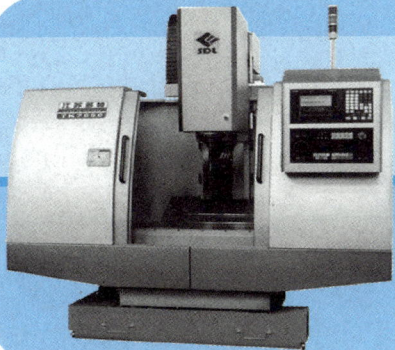

项目一

数控铣床的基本操作

- 了解数控铣床的基本组成部分。
- 了解数控铣床操作面板中各按键的功能。
- 掌握数控铣床中工件的装夹及找正方法。
- 掌握数控铣床刀具的安装及对刀的方法。
- 掌握数控铣床程序的输入、编辑等基本操作。
- 会正确操作数控铣床，并能通过手动和增量方式控制机床。
- 了解数控铣床在加工制造业中的重要地位。

素 养 目 标

- 培养学生的安全意识。
- 树立正确的价值观。

引言

数控铣削加工是金属切削加工工种之一。铣削是在铣床上用铣刀来切削金属。数控铣床是机械制造行业中重要的设备，是一种应用广、类型多的金属切削机床。在实际使用过程中，数控铣床主要用来加工板类、盘类、壳体、模具等精度高、工序多、形状复杂的零件。

任务一　　认识数控铣床

知识点

- 了解数控铣床的基本分类。
- 了解数控铣床的基本结构。

➢ 了解数控铣床的特点及应用场合。

技能点

➢ 掌握数控铣床的结构组成。

任务描述

熟悉数控铣床的结构组成。

知识链接

一、数控铣床的分类

数控铣床一般按主轴与工作台的相对位置分类，分为卧式数控铣床、立式数控铣床和万能数控铣床。

1. 卧式数控铣床

卧式数控铣床是指主轴轴线与工作台平行设置的数控铣床，主要用来加工箱体类零件，如图 1-1 所示。

卧式数控铣床的主轴处于水平位置，通常带有可进行分度回转运动的正方形工作台。它可以在工件一次装夹后完成除安装面以外的其他面的加工，最适合加工箱体类零件。

2. 立式数控铣床

立式数控铣床是指主轴轴线与工作台垂直设置的数控铣床，主要加工板类、盘类、模具及小型壳体类复杂工件，如图 1-2 所示。

图 1-1　卧式数控铣床

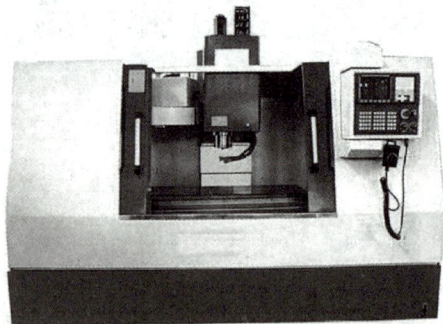

图 1-2　立式数控铣床

立式数控铣床能完成铣削、镗削、钻削和攻螺纹等工序，使用最为广泛。一般情况下，立式数控铣床最少为三轴二联动。因其主轴的移动高度是有限的，对箱体类工件的加工范围要适当地减少，这也是它的一个缺点。但立式数控铣床工件装夹、定位方便；刀具运动轨迹易观察，调试程序和检查测量方便，能及时发现问题并改正；冷却条件好，切削液直接接触刀具及工件加工表面；三个坐标轴与笛卡儿坐标系吻合，形象直观，与图样视角一致，切屑易排除和掉落，避免划伤加工过的表面。和相应的卧式数控铣床相比，其结构简单，占地面积小，价格较低，因此最为常见。

>> **温馨提示** | 所谓的三轴二联动是指在实际的加工过程中可以实现 X、Y、Z 三根轴中任意两根轴的联动插补加工，第三根轴单独地周期进刀，一般也称为 2.5 轴联动。

3. 万能数控铣床

万能数控铣床也称为多轴联动型数控铣床，加工过程中其主轴轴线与工作台回转轴线的角度可控制联动变化，从而完成复杂空间曲面的加工，适用于具有复杂空间曲面的航空叶轮、模具、刀具的加工，如图 1-3 所示。

图 1-3　万能数控铣床

万能数控铣床在工件一次装夹后就能完成多个表面的加工，拥有更高的加工精度，提高了效率，但其价格昂贵，维护费用较高。

>> **温馨提示** | 数控铣床与加工中心的区别：加工中心比数控铣床多一个刀库，遇到工件需要用不同的刀具完成加工的时候，普通数控铣床需要手动换刀，加工中心可实现程序自动换刀。

二、数控铣床的结构

如图 1-4 所示，数控铣床一般由床身、底座、主轴、数控装置、工作台和电气柜等组成，它们是整个数控机床的基础部件。数控铣床的其他零部件或者固定在基础部件上或者工作时在它的导轨上运动。其他机械结构则按铣床的功能需要选用。一般的数控铣床除基础部件外，还有主传动系统、进给系统以及液压、润滑、冷却等辅助装置，这是数控铣床机械结构的基本构成。除铣床基础部件外，还有实现工件回转、定位的装置和附件；刀架或自动换刀装置

图 1-4　数控铣床基本结构

1—床身　2—主轴　3—数控装置　4—底座
5—工作台　6—电气柜

（ATC）；自动托盘交换装置（APC）；刀具破损监控、精度检测等特殊功能装置；完成自动化控制功能的各种反馈信号装置及元件。

数控铣床有各种类型，虽然其外形结构各异，但总体上是由以下几大部分组成的。

1. 基础部件

基础部件由床身、底座和工作台等大件组成。这些大件有铸铁件，也有焊接的钢结构件。它们要承受机床的静载荷和加工时的切削负载，因此必须具备更高的静、动刚度。它们也是机床中质量和体积最大的部件。

2. 主轴部件

主轴部件由主轴箱、主轴电动机、主轴和主轴轴承等零件组成。主轴的起动、停止等动作和转速均由数控系统控制，并通过装在主轴上的刀具进行切削。主轴部件是切削加工的功率输出部件，是数控铣床的关键部件，其结构的好坏对机床整体的性能有很大的影响。

3. 数控系统

数控系统由 CNC 装置、可编程序控制器、伺服驱动装置以及电动机等部分组成，是数控铣床执行顺序控制动作和控制加工过程的大脑。

4. 辅助系统

辅助系统由气源装置、冷却系统、润滑系统和防护系统等组成，作用是实现机床一些必不可少的辅助功能。

任务分析

认识数控铣床，首先要观察其外形结构，确定机床型号；其次是借助机床附件等技术资料，分析其加工范围，以便在实际工作中针对不同的加工对象正确选用数控铣床。

任务实施

1. 分析数控铣床的结构

在企业生产车间或学校实训工厂选定若干数控铣床，观察其铭牌，说出其由哪些结构组成，它们的主要作用是什么。

2. 识读机床附件等技术资料

观察机床型号标志，并参阅机床技术文件。

任务评价

数控铣床的基本结构任务评价见表 1-1。

表 1-1 数控铣床的基本结构任务评价

评价项目		序号	评价内容	配分	得 分
基本检查	认识数控铣床	1	会在相关手册里查阅数控铣床型号	15	
		2	能说出数控铣床型号的含义	15	
		3	能说出数控铣床各组成部分的功能	15	
		4	能分辨各种类型的数控铣床	15	
		5	会根据待加工零件选择机床	25	
工作态度		6	行为规范、纪律表现	15	
综合得分					

知识拓展

数控机床简介

一、数控机床的定义

数控（NC）是数字控制（Numerical Control）的简称，是 20 世纪中叶发展起来的一种用数字化信息进行自动控制的方法。装备了数控技术的机床称为数控机床，简称为 NC 机床。

国际信息联盟第五技术委员会对数控机床做了如下定义：

数控机床是一台装有程序控制系统的机床，该系统能够逻辑地处理具有使用号码或其他符号编码指令的规定程序。

定义中的控制系统就是数控系统。

二、数控机床的特点及应用范围

1. 数控机床的特点

1）加工精度高。数控机床是由精密机械和自动化控制系统组成的，因此其传动系统与机床结构都有较高的精度、刚度、热稳定性及动态敏感度。目前，数控机床的刀具或工作台最小移动量（脉冲当量）普遍达到了 0.001mm，中、小型数控机床定位精度普遍可达0.03mm，重复定位精度可达 0.01mm。

2）生产率高。加工零件所需时间包括机动时间和辅助时间两部分。数控机床能有效地减少这两部分时间。在数控加工中心上加工时，一台机床能实现多道工序的连续加工，生产率的提高更加明显。

3）能减轻劳动强度，改善劳动条件和劳动环境。

4）能产生良好的经济效益。数控机床加工精度稳定，降低了废品率，使生产成本进一步下降。

5）有利于生产管理的现代化。数控机床使用数字信号与标准代码作为输入信号，不仅能与计算机通过串行接口直接通信，还适用于与计算机网络连接，通过计算机远程控制，为计算机辅助设计、制造及管理一体化奠定基础，实现生产管理的现代化。

但是，利用数控机床生产加工，初期设备投资大，维修费用高，对管理及操作人员的专业技术素质要求较高。因此，应合理地选择及使用数控机床，提高企业的经济效益和竞争力。

2. 数控机床的应用范围

数控机床具有一些独特的优点，应用范围较广。但数控机床的技术含量要求高、生产成本高，使用和维修都有一定难度，若从性价比方面考虑，数控机床一般适用于下列加工情况。

1）批量零件加工。在多品种、小批量零件的生产中优先考虑使用数控机床。

2）轮廓要求高。结构较复杂、精度要求较高或必须用数字方法确定的复杂曲线、曲面轮廓的零件加工，多以数控机床为主。

3）试制阶段。在产品需要频繁改型或试制阶段，数控机床可以随时适应产品的变化。

思考练习

1. 想一想，在日常生活中，哪些生活用品是用数控铣床加工出来的？
2. 世界上有很多生产机床的工厂，那你知道有哪些著名的品牌？利用课余时间查找一下，了解近年来数控机床的发展。

佳句卡片

班前讲安全，脑中添根弦；班中讲安全，操作不危险；班后讲安全，警钟常相伴。

任务二 数控系统面板操作

知识点

➤ 了解目前主要数控系统的种类。
➤ 了解华中数控系统的发展史。
➤ 掌握华中数控系统面板中各项的含义。

技能点

➤ 会正确使用华中数控系统面板中的各功能键。

任务描述

图 1-5 所示为华中世纪星数控系统的面板，该面板包含电源控制区、数控系统面板和机床控制面板。要求了解数控系统面板与机床控制面板上各功能键的作用。

操作面板介绍

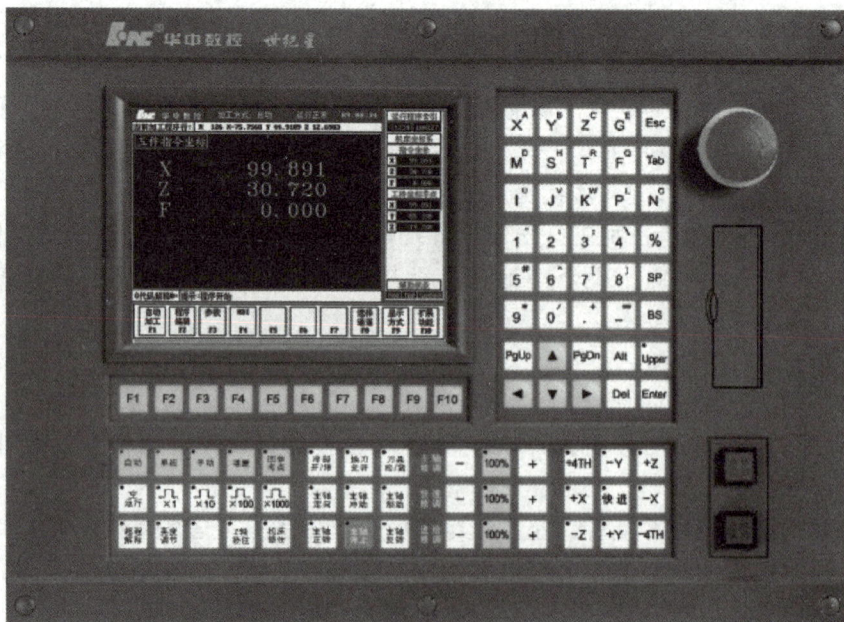

图 1-5 华中世纪星数控系统的面板

知识链接

1. 功能菜单

在显示器的下方有十个功能按键，即"F1"～"F10"（相当于 FANUC 系统中的软键）。通过这十个功能按键，可完成对系统操作界面中菜单命令的操作。系统操作界面中菜单命令由主菜单和子菜单构成，所有主菜单和子菜单命令都能通过功能按键"F1"～"F10"来进行操作。主菜单分别是：F1 为"自动加工"、F2 为"程序编辑"、F3 为"参数"、F4 为"MDI"、F5 为"PLC"、F6 为"故障诊断"、F7 为"设置毛坯大小"、F9 为"显示方式"。每一主菜单下分别有若干个子菜单。

2. NC 键盘

NC 键盘用于零件程序的编制、参数输入、MDI 及系统管理操作等，如图 1-6 所示。

1)"Esc"键：按此键可取消当前系统界面中的操作。

2)"Tab"键：按此键可跳转到下一个选项。

3)"SP"键：按此键光标向后移并空一格。

4)"BS"键：按此键光标向前移并删除前面字符。

5)"Upper"键：上档键。按下此键后，上档功能有效，这时可输入"字母"键与"数字"键右上角的小字符。

6)"Enter"键：回车键，按此键可确认当前操作。

7)"Alt"键：替换键，也可与其他字母键组成快捷键。

8)"Del"键：按此键可删除当前字符。

9)"PgDn"键与"PgUp"键：向后翻页与向前翻页。

10) 方向键：按这四个键可使光标上、下、左、右移动。

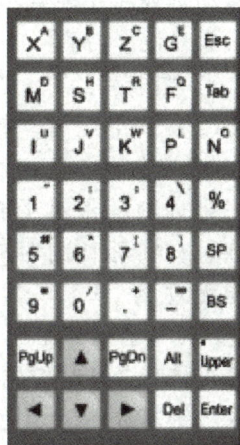

图 1-6　NC 键盘

11) 字母键、数字键和符号键：按这些键可输入字母、数字以及其他字符，其中一些字符需要配合"Upper"键才能被输入。

3. 机床控制面板

机床控制面板如图 1-7 所示。

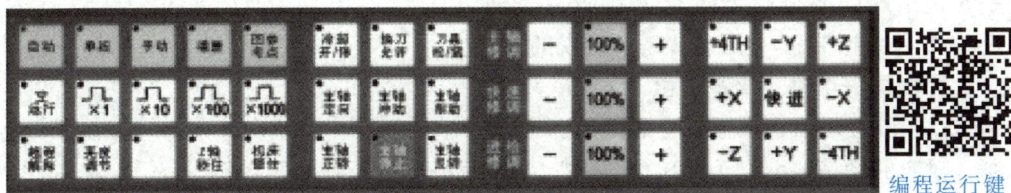

图 1-7　机床控制面板

编程运行键功能介绍

（1）方式选择键　方式选择键的作用是把数控车床的操作方式进行分类，在每一种操作方式下，只能进行相应的操作。方式选择键共有五个，分别是"自动"键、"单段"键、"手动"键、"增量"键和"回参考点"键。

1)"自动"键：按此键进入自动操作方式。在自动操作方式下可进行连续加工工件、模拟校验加工程序、在 MDI 模式下运行指令等操作。进入自动操作方式后在系统主菜单下按"F1"键进入"自动加工"子菜单，再按"F1"键选择要运行的程序，然后按一下"循环启动"键，自动加工开始。在自动运行过程中按一下"进给保持"键，程序暂停运行，进给轴减速停止，再按一下"循环启动"键，程序继续运行。

2）"单段"键：在自动操作方式下按此键进入单程序段执行方式，这时按一下"循环启动"键，只运行一个程序段。

3）"手动"键：按此键进入手动操作方式。在手动操作方式下通过机床操作键可进行手动换刀、移动机床各轴、手动松紧卡爪、伸缩尾座、主轴正反转、冷却开停、润滑开停等操作。

移动按键功能介绍

4）"增量"键：按此键进入增量/手轮进给方式。在增量方式下，按一下相应的坐标轴移动键或将手轮摇一个刻度，坐标轴将按设定好的增量值移动一个增量值。

5）"回参考点"键：按此键进入手动返回机床参考点方式。

（2）"空运行"键 在自动操作方式下按一下"空运行"键，机床处于空运行状态。空运行状态下程序中的F指令被忽略，坐标轴以最大的速度移动。空运行的目的是校验程序的正

回参考点键功能介绍

确性，在实际切削时应关闭此功能，否则可能会造成危险。在进行螺纹切削时空运行功能无效。

（3）"超程解除"键 当发生超程报警时，"超程解除"键上的指示灯亮，系统处于紧急停止状态，这时应先松开急停按钮并把操作方式选择为手动或手轮操作，再按住"超程解除"键不放，手动把发生超程的坐标轴向相反方向移动，退出超程状态，然后放开"超程解除"键，这时显示屏上的运行状态栏显示为"运行正常"，超程状态解除。需要注意的是，在移动坐标轴时要注意移动方向和移动速度，以免发生撞车事故。

（4）"亮度调节"键 按此键可调节显示屏的亮度。

（5）"机床锁住"键 在自动运行开始前，按下"机床锁住"键，进入机床锁住状态。在机床锁住状态运行程序时，显示屏上的坐标值发生变化，但坐标轴处于锁住状态，因此不会移动。此功能用于校验程序的正确性。每次执行此功能后，须再次进行回参考点操作。

（6）"增量选择"键 在增量进给和手轮进给时，要进行增量值的设置，是通过"增量选择"键（图1-8）来完成的。

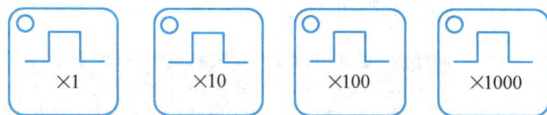

图1-8 "增量选择"键

在增量进给时，增量值由"×1""×10""×100"和"×1000"四个增量倍率按键控制，对应的增量值分别为"0.001mm""0.01mm""0.1mm"和"1mm"。在手轮进给时，增量由"×1""×10"和"×100"三个增量倍率按键控制，对应的增量值分别为"0.001mm""0.01mm"和"0.1mm"。

（7）手动控制键 手动控制键共有八个，分别是"冷却开停"键、"刀位转换"键、"主轴正点动"键、"主轴负点动"键、"卡盘松紧"键、"主轴正转"键、"主轴停止"键和"主轴反转"键。以上八个键都需在手动方式下进行操作。

1）"冷却开停"键：按此键可控制切削液的开关。

2）"刀位转换"键：按此键可使刀架转一个刀位。

3）"主轴正点动"键：按此键可使主轴正向点动。

4）"主轴负点动"键：按此键可使主轴反向点动。

5）"卡盘松紧"键：按此键可控制卡盘的夹紧与松开。

6）"主轴正转"键：按此键可使主轴正转。

7）"主轴停止"键：按此键可使旋转的主轴停止转动。

8）"主轴反转"键：按此键可使主轴反转。

（8）速率修调键　速率修调键共有三组，分别是"主轴修调"键、"快速修调"键和"进给修调"键。

1）"主轴修调"键：在自动操作方式或 MDI 方式下，按"主轴修调"键可调整程序中指定的主轴速度，按下"100%"键主轴修调倍率被置为 100%，按一下"+"键主轴修调倍率递增 5%，按一下"－"键主轴修调倍率递减 5%。在手动操作方式下，通过这些按键可调节手动时的主轴速度。机械齿轮换档时主轴速度不能修调。

2）"快速修调"键：在自动操作方式或 MDI 方式下按"快速修调"键可调整 G00 快速移动时的速度，按"100%"键快速修调倍率被置为 100%，按一下"+"键快速修调倍率递增 5%，按一下"－"键快速修调倍率递减 5%。在手动连续进给方式下，通过这些按键可调节手动快移速度。

3）"进给修调"键：在自动操作方式或 MDI 方式下按"进给修调"键可调整程序中给定的进给速度，按"100%"键进给修调倍率被置为 100%，按一下"+"键进给修调倍率递增 5%，按一下"－"键进给修调倍率递减 5%。在手动进给方式下，通过这些按键可调节手动进给速度。

（9）"坐标轴移动"键

1）"－X"键：在手动操作方式下，按此键 X 轴向负方向运动。

2）"+X"键：在手动操作方式下，按此键 X 轴向正方向运动。

3）"－Z"键：在手动操作方式下，按此键 Z 轴向负方向运动。

4）"+Z"键：在手动操作方式下，按此键 Z 轴向正方向运动。

5）"快进"键：在手动操作方式下按此键后，再按坐标轴移动键，可使坐标轴快速移动。

6）"－C"键和"+C"键：这两个键在车削中心上有效，用于手动进给 C 轴。

（10）"循环启动"键和"进给保持"键　在自动操作方式或 MDI 方式下按下"循环启动"键，可自动运行加工程序；按下"进给保持"键，可使程序暂停运行。

（11）"急停"按钮　紧急情况下按此按钮后，数控系统进入急停状态，控制柜内的进给驱动电源被切断，此时机床的伺服进给及主轴运转停止工作。要想解除急停状态，可顺时针方向旋转按钮，按钮会自动跳起，数控系统进入复位状态。解除急停状态后，需要进行回零操作。在启动和退出系统之前应按下"急停"按钮，以减小电流对系统的冲击。

任务分析

熟悉数控铣床的数控系统后，掌握各功能键的功能，操作数控铣床，输入或编辑数控程序，并对程序进行验证。

任务实施

1）认识数控铣床数控系统的面板。

2）能开机，并导入、运行程序。

任务评价

数控铣床的面板操作任务评价见表1-2。

表 1-2　数控铣床的面板操作任务评价

评价项目		序号	评价内容	配分	得　分
基本检查	面板认识	1	MDI面板各功能键的作用	10	
		2	机床操作面板按钮的作用	10	
		3	程序正确、简单、规范	10	
	操作	4	开机顺序	10	
		5	程序导入	10	
		6	程序检测	10	
		7	程序运行	10	
工作态度		8	行为规范、纪律表现	10	
掌握情况检测		9	程序正常运行	10	
		10	操作规范合理	10	
综合得分					

知识拓展

常用数控系统简介

1. FANUC 数控系统

FANUC 数控系统是日本发那科株式会社的产品，通常其中文译名为发那科，进入中国市场比较早。

FANUC 数控系统性能稳定，操作界面友好，各系列系统的总体结构非常类似，具有基本统一的操作界面。FANUC 数控系统可以在较为宽泛的环境中使用，对于电压、温度等外界条件的要求不是特别高，因此适应性很强。

2. SINUMERIK 数控系统

SINUMERIK 数控系统是德国西门子公司的产品。西门子公司凭借在数控系统及驱动产品方面的专业思考与深厚积累，不断制造出机床产品的典范之作，为自动化应用提供了日趋完美的技术支持。

3. 华中数控系统

华中数控系统是我国为数不多的、具有自主版权的高性能数控系统之一。华中数控系统以通用的工业计算机（IPC）和 DOS、Windows 操作系统为基础，采用开放式的体系结构，使其可靠性和质量得到了保证。它适用于多坐标（2~5）数控镗铣床和加工中心，在增加相应的软件模块后，也能适用于其他类型的数控机床（如数控磨床、数控车床等）以及特种加工机床（如激光加工机、线切割机等）。

除此之外，还有西班牙的法格系统（FAGOR）和美国的哈斯数控系统（HAAS）等。

思考练习

1. "BS" 键与 "DEL" 键都具有删除功能，那这两个功能键有什么区别？
2. "快速修调" 键和 "进给修调" 键各有什么作用？
3. 为什么要增加 "单段" 这个执行模式？

佳句卡片

坚持安全高标准，享受生活高质量。

任务三 机用平口钳的安装与找正

知识点

➢ 了解常用夹具的安装方法。
➢ 熟悉数控铣加工中工件的装夹方法。
➢ 掌握数控机床上工件找正的方法。

技能点

➢ 会正确地安装工件。
➢ 会使用机用平口钳进行工件的安装与找正。

任务描述

数控铣加工前的准备工作是很重要的。保证工件的加工精度除了与机床的本体有关外，还与夹具安装、工件的正确装夹有直接的关系。本任务要求学会机用平口钳的正确安装与找正方法。机用平口钳如图 1-9 所示。

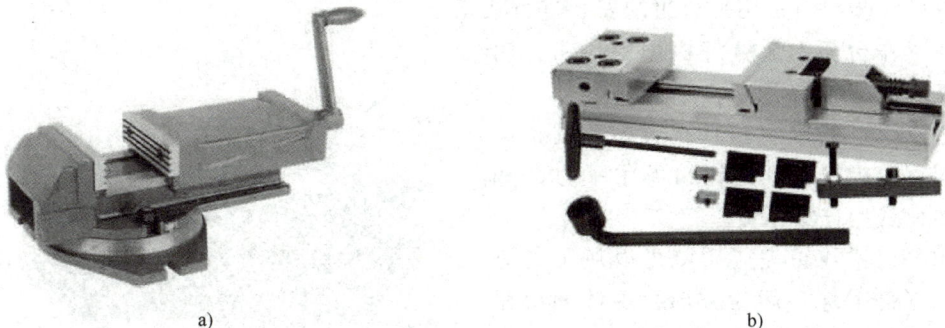

a)   b)

图 1-9 机用平口钳

a) 普通机用平口钳 b) 精密机用平口钳

知识链接

一般装夹工件的方法有压板装夹、机用平口钳装夹、组合夹具装夹和专用夹具装夹等，其中最常用的是压板装夹和机用平口钳装夹。

1. 压板装夹

较大的或形状特殊的工件，可用压板和螺栓直接安装在工作台上，如图1-10所示。

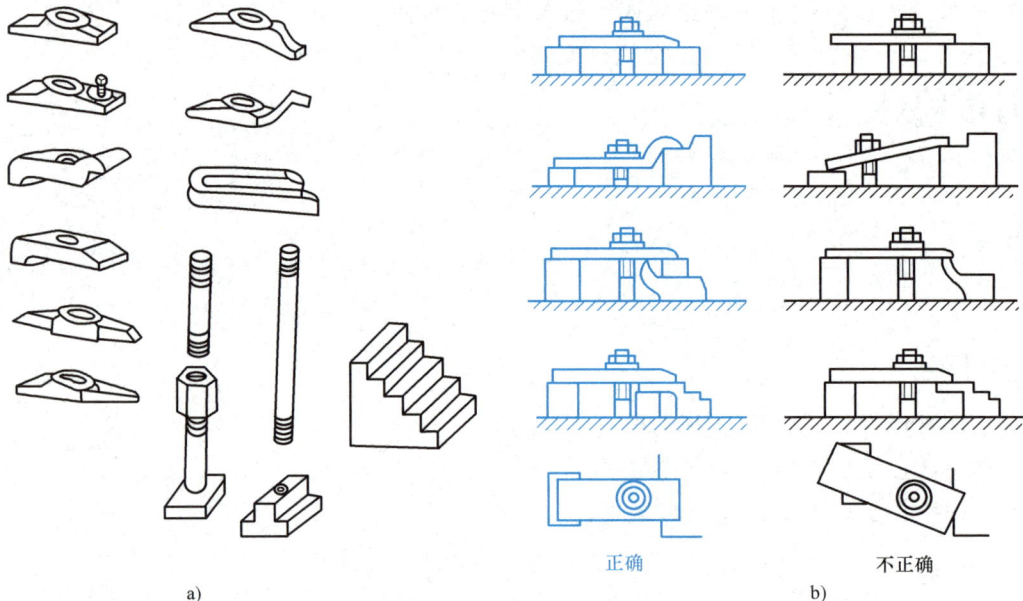

图1-10　压板装夹

a）压板　b）安装压板的方法

压板装夹的装夹力是很大的，而且工件直接和工作面接触，减小了由于二次装夹产生的误差，缺点是操作烦琐，安装压板较复杂。

2. 机用平口钳装夹

机用平口钳的结构如图1-11所示。由于机用平口钳是安装在工作台上的，安装时稍不注意就会产生误差，对工件的加工产生影响，所以第一步要对机用平口钳的安装进行找正。

先在工作台面上放置好机用平口钳，用压板将其固定但不要拧紧，然后用百分表大概找正固定钳口的水平和垂直方向，调整偏差，再用百分表找正固定钳口的水平方向和垂直方向，最后拧紧压板。

机用平口钳找正完成后就可以对工件进行装夹，工件毛坯一般为方形，工件伸出钳口的高度根据加工零件的要求而定，尽量使夹持部分多一些，工件下面用垫铁支撑，用百分表进行找正并夹紧。

机用平口钳装夹

图1-11　机用平口钳的结构

1—固定钳口　2—活动钳口　3—手柄　4—底座

任务分析

通过在工作台台面上进行正确装夹，用百分表进行正确找正，使精密机用平口钳在铣床的工作台上达到安装要求。

任务实施

1. 机用平口钳的安装与找正

先将机用平口钳放置在工作台上，用压板固定但不拧紧。准备一只百分表，找正时，将磁性表座吸在横梁导轨面上或立铣头主轴部分，安装百分表，使百分表的测量杆与固定钳口平面垂直，测头触到钳口平面，测量杆压缩 0.3~0.5mm，纵向移动工作台，观察百分表读数，若在固定钳口全长内一致，则固定钳口与工作台进给方向平行，这样就能在加工时获得好的位置精度。

工件的装夹

2. 工件的装夹

（1）毛坯的装夹　装夹毛坯时应选择一个平整的毛坯面作为粗基准，靠向机用平口钳的固定钳口。装夹时，在钳口铁平面和工件毛坯面间垫铜皮。

（2）已加工表面的装夹　在装夹已经粗加工的工件时，应选择一个粗加工表面作为基准面，将这个基准面靠向机用平口钳的固定钳口或钳体导轨面。工件的基准面靠向机用平口钳的固定钳口时，可在活动钳口和工件间放置一圆棒，通过圆棒将工件加紧，这样能保证工件基准面与固定钳口很好地贴合。

＞＞ 温馨提示

1）校正立铣刀和机用平口钳时，一定要认真细心，经多次校正，直到公差范围内（以组为单位，每人利用间接校正的方法校正到合格为止）。

2）使用百分表时一定要轻拿轻放，不可以直接用测头撞击测量表面，防止损坏百分表，要先将百分表固定在磁性表座上，然后摇动工作台手柄，使测头慢慢接触到被测表面。

3）校正立铣刀时，一定不能将紧固螺钉完全松掉，防止立铣刀突然掉落伤人。

任务评价

机用平口钳的安装与找正任务评价见表1-3。

表1-3　机用平口钳的安装与找正任务评价

评价项目		序号	评价内容	配分	得　分
基本检查	操作	1	机用平口钳的装夹	10	
		2	磁性表座与百分表、杠杆表的安装	10	
		3	机用平口钳钳口 X 方向的调整	20	
		4	机用平口钳钳口 Z 方向的调整	20	
工作态度		5	行为规范、纪律表现	10	
尺寸检测		6	机用平口钳钳口 X 方向的检测	15	
		7	机用平口钳钳口 Z 方向的检测	15	
综合得分					

知识拓展

百分表的使用方法

一、来源

百分表最早是由美国的 B. C. 艾姆斯于 1890 年制成的。百分表的度盘上印制有 100 个等分刻度，即每一分度值相当于量杆移动 0.01mm。

二、用途

百分表常用于几何误差及小位移的长度测量。其分度值为 0.01mm，测量范围有 0～3mm、0～5mm 和 0～10mm。

三、组成及原理

百分表的工作原理，是将被测尺寸引起的测杆微小直线移动经过齿轮传动放大，变为指计在度盘上的转动，从而读出被测尺寸的大小。百分表主要由表体部分、传动系统和读数装置三部分组成。利用精密齿轮齿条机构制成的表是通用长度测量工具，通常由测头、测杆、防振弹簧、齿条、齿轮、游丝、度盘及指针等组成。若在度盘上印制有 200 个或 100 个等分刻度，则每一分度值为 0.001mm 或 0.002mm，这种测量工具即称为千分表。改变测头形状并配以相应的支架，可制成百分表的变形品种，如厚度百分表、深度百分表和内径百分表等。如用杠杆代替齿条可制成杠杆百分表和杠杆千分表，其示值范围较小，但灵敏度较高。此外，它们的测头可在一定角度内转动，能适应不同方向的测量，结构紧凑。它们适用于测量普通百分表难以测量的外圆、小孔和沟槽等的几何误差。

四、使用方法和注意事项

1）使用前，应先检查该百分表是否在受控范围内，检查测杆活动的灵活性，即轻轻推动测杆时，测杆在轴套内的移动要灵活，没有任何轧卡现象，每次手松开后，指针能回到原来的刻度位置。

2）使用时，必须把百分表固定在可靠的夹持架上。切不可贪图省事，随便将其夹在不稳固的地方，否则容易造成测量结果不准确，或摔坏百分表。

3）测量时，不要使测杆的行程超过它的测量范围，不要使表头突然撞到工件上，也不要用百分表测量表面粗糙或有显著凹凸不平的工件。

4）测量平面时，百分表的测杆要与平面垂直，测量圆柱形工件时，测杆要与工件的中心线垂直，否则将使测杆活动不灵活或测量结果不准确。

5）为方便读数，在测量前一般都让指针指到度盘的零位。

6）用百分表找正或测量零件时，应当使测杆有一定的初始测力，即在测头与零件外表接触时，测杆应有 0.3～1mm 的紧缩量（千分表可小一点，有 0.1mm 即可），使度针转过半圈左右，然后转动表圈，使度盘的零位刻线对准指针。轻轻拉动手提测杆的圆头，拉起和轻放几次，检查指针所指的零位有无改变。当指针的零位波动后，再开始测量或找正零件的任务。假如是找正零件，此时开始改变零件的相对位置，读出指针的偏摆值，就是零件安装的偏差数值。

7）读数。先读转数指针转过的刻度线（即毫米整数），再读指针转过的刻度线（即小数部分）并乘以 0.01，然后将两者相加，即得到所测量的数值。

五、保养

1）百分表是比较精密的测量工具，要轻拿轻放，不得碰撞或跌落地下。

2）应定期校验百分表的精度和灵敏度。

3）百分表使用完毕，用棉纱擦拭干净，放入卡尺盒内盖好。

4）要避免水、油和灰尘渗入表内，测杆上也不要加油，以免粘有灰尘的油污进入表内，影响百分表的灵敏度。

5）百分表和千分表不用时，应使测杆处于自由形态，以免表内的弹簧失效。如内径百分表上的百分表不用时，应拆下保管。

思考练习

1. 在用机用平口钳安装与找正时，必须用到百分表或杠杆百分表，试问分别在什么情况下选用百分表或杠杆百分表？

2. 在使用百分表时需要注意什么？

佳句卡片

当你认为安全质量最不需要时，往往是安全质量最危险的时刻。

任务四   刀具的安装

知识点

➤ 了解数控铣刀具的分类。
➤ 掌握数控铣刀具的安装方法。

技能点

➤ 会安装数控铣刀具。

任务描述

了解常用的数控铣刀具，掌握其在数控铣床上的安装方法。

知识链接

铣刀的分类

一、数控铣刀具的分类

铣刀为多齿回转刀具，其每一个刀齿都相当于一把车刀固定在铣刀的回转面上，铣削时同时参加切削的切削刃较长，且无空行程，切削速度也较高，因此生产率较高。铣刀种类很

多，结构不一，应用范围很广，按其用途可分为加工平面用铣刀、加工沟槽用铣刀、加工成形面用铣刀三大类。通用规格的铣刀已标准化，一般均由专业工具厂生产。现介绍几种常用铣刀的特点及其适用范围。

1. 面铣刀

面铣刀（也称盘铣刀）的圆周表面和端面都有切削刃，端部切削刃为副切削刃，如图1-12所示。面铣刀多制成套式镶齿结构，刀齿材料为高速钢或硬质合金，刀体材料为40Cr。

2. 立铣刀

立铣刀（图1-13）的圆柱表面和端面上都有切削刃，它们可同时进行切削，也可单独进行切削。立铣刀圆柱表面的切削刃为主切削刃，端面上的切削刃为副切削刃。需要注意的是，因为立铣刀的端面中间有凹槽，所以不可以做轴向进给。

图1-12 面铣刀

图1-13 立铣刀

3. 模具铣刀

模具铣刀（图1-14）的结构特点是球头或端面上布满了切削刃，圆周刃与球头刃以圆弧连接，可以做径向和轴向进给。

4. 键槽铣刀

键槽铣刀（图1-15）和立铣刀有些相似，但它只有两个刀齿，圆柱面和端面都有切削刃，端面刃延至中心，加工时先轴向进给达到槽深，然后沿键槽方向铣出键槽全长。

5. 成形铣刀

成形铣刀（图1-16）一般都是为特定的工件或加工内容专门设计制造的。还有些通用铣刀，但因主轴锥孔有别，必须配制过渡套和拉钉。

图1-14 模具铣刀

图1-15 键槽铣刀

图1-16 成形铣刀

二、数控铣刀具的安装

数控铣刀具一般由切削部分和夹持部分组成。刀具如果直接装在机床上，不同的刀具需要不同的夹持部分，这样显然不经济，所以刀具一般装在刀柄上。

用一种部件，一端连接机床，一端夹持几种类型的刀具，这就是刀柄（图 1-17）。少量的刀具连接形式和少量的刀柄连接形式形成大量的组合形式，满足了不同的加工需求。

图 1-17　数控铣床刀柄

铣刀的安装

使用时先将刀具放入刀柄中锁紧，再将刀柄装在主轴上。装刀时先按下控制面板中的"换刀允许"按钮，再将刀柄对准主轴锥孔并按下"换刀"按钮，完成数控铣床刀具的安装。

>> **温馨提示**｜在加工的过程中，刀具的正确安装与否对精度的影响是很大的，所以在安装刀具时一定要保证主轴锥孔中没有任何杂质。

任务分析

数控铣床所使用的刀具与普通铣床使用的刀具基本一致，但数控加工对刀具的要求更高。为满足使用方便、切削稳定的要求，应尽可能采用通用的数控铣刀具。

任务实施

1. 操作准备

1）装备好机床与刀具。

2）开机，返回参考点。

2. 操作步骤

1）安装刀具，以 ϕ20mm 立铣刀为例，先将立铣刀放入弹簧夹头中，再将弹簧夹头装在刀柄上。

2）将刀柄放置在卸刀座上，用扳手将刀具夹紧。

3）按下"换刀允许"按钮，将刀柄装夹在铣床主轴中。

4）加工结束后，按下"换刀允许"按钮，将刀具从主轴上卸下，松开刀柄并放回原处。

任务评价

刀具的安装任务评价见表 1-4。

表 1-4　刀具的安装任务评价

评价项目		序号	评价内容	配分	得　分
基本检查	操作	1	机用平口钳的装夹	20	
		2	铣刀安装正确	20	
		3	刀具选择正确、规范	30	
		4	机用平口钳找正确、规范	20	
工作态度		5	行为规范、纪律表现	10	
综合得分					

思考练习

1. 除了上述所介绍的刀具，你还知道什么刀具？试列举一二。
2. 立铣刀与键槽铣刀有什么异同？
3. 温岭市是中国工具名城，请同学们调研数控铣削刀具的生产加工流程。

佳句卡片

苦练基本功，一时不能松；建好满意岗，常敲警世钟。

任务五　对刀及工件坐标系的设定

知识点

➤ 掌握机床坐标系与工件坐标系的意义。
➤ 掌握数控加工对刀的基本方法。
➤ 掌握工件的安装方法。
➤ 数控编程中指令 G17、G18、G19、G54～G59、G92 的意义。

技能点

➤ 知道数控加工中两个坐标系的位置。
➤ 会用基本的对刀方法对刀。
➤ 会正确安装工件。
➤ 能在数控机床中录入工件坐标系。

任务描述

　　工件的正确装夹及工件坐标系的找正是数控铣加工中特别重要的技能，装夹和找正的好坏直接影响零件的加工精度。根据图 1-18 进行工件的装夹，然后设定工件坐标系。

图 1-18　工件的装夹

知识链接

一、机床坐标系与工件坐标系

1. 机床坐标系

　　机床坐标系（Machine Coordinate System）是以机床原点 O 为坐标系原点，并遵循右手笛卡儿坐标系（图 1-19）建立的由 X 轴、Y 轴、Z 轴组成的直角坐标系。机床坐标系是用来确定工件坐标系的基本坐标系，是机床上固有的坐标系，并设有固定的坐标原点。在设定机床坐标系时应遵循以下原则。

1）符合右手笛卡儿坐标系。

2）永远假设工件是静止的，刀具相对于工件运动。

3）刀具远离工件的方向为正方向。

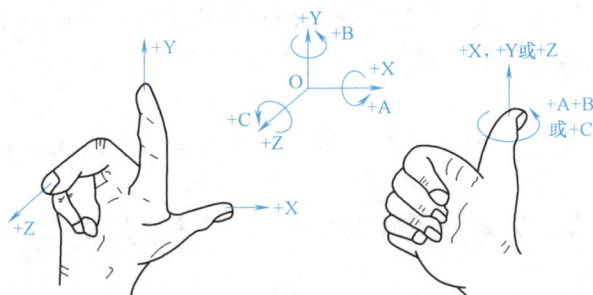

图 1-19　右手笛卡儿坐标系

2. 工件坐标系

工件坐标系是固定于工件上的笛卡儿坐标系，是编程人员在编制程序时用来确定刀具和程序起点的。该坐标系的原点可由使用人员根据具体情况确定，但坐标轴的方向应与机床坐标系一致并且与之有确定的尺寸关系。工件坐标系的选择应遵循以下原则。

1）工件坐标系坐标轴方向与机床坐标系的坐标轴方向保持一致。

2）工件坐标系一般设定在工件尺寸基准上，以便于计算坐标值。

3）对于非对称工件，坐标轴原点在工件的左前角；对于对称工件，坐标轴原点一般设定在工件对称轴的交点上。

在数控铣床中，机床坐标系是机床出厂时就设定好的，不需要再设置；工件坐标系是编程人员编写程序与加工时的原点。两者的位置关系如图 1-20 所示。

二、数控铣床试切法对刀

1. 程序指令

（1）平面选择指令 G17、G18、G19　这三个指令用来选择要加工的平面，G17 选择 OXY 平面，G18 选择 OXZ 平面，G19 选择 OYZ 平面。G17 为默认选择平面，编程时可以省略。

寻边器对刀法

（2）工件坐标系 G54～G59　工件坐标系的坐标值要让机床识别，必须写在 G54～G59 中，写在哪里编程时就用哪个指令。有些复杂的零件只用

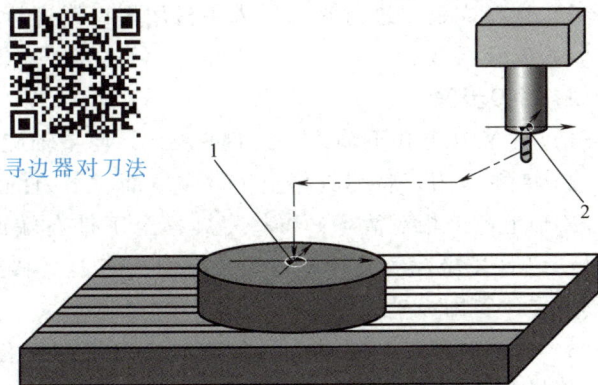

图 1-20　机床坐标系与工件坐标系的位置关系

1—工件坐标系　2—机床坐标系

一个坐标系不够用或是手动编程时不方便计算，这时就可以用多个坐标系，每个编程基准对应一个坐标系，这样就方便多了。

（3）建立工件坐标系指令（G92）　它与刀具当前所在位置有关。该指令应用格式为

G92 X ＿ Y ＿ Z ＿;

其含义是刀具当前所在位置在工件坐标系下的坐标值为（X ＿，Y ＿，Z ＿）。

例如"G92 X0 Y0 Z0；"表示刀具当前所在位置在工件坐标系下的坐标值为（0，0，0），即刀具当前所在位置为工件坐标系的原点。

2. 试切法对刀

对刀就是通过一定的方法找出工件坐标系原点在机床坐标系中的坐标值。对刀方法有很多种，其中试切法对刀是最基本的对刀方法。下面以工件中心为编程原点为例，详细讲解试切法对刀的过程。

1）在 MDI 方式下输入"S500 M03"，按"循环启动"按钮或直接按下"主轴正转"按钮，使主轴旋转。

2）按"手动"按钮，进入手动操作方式，通过手动操作将刀具移动到工件左端面附近。

3）按"增量"按钮，进入手轮操作方式，摇动手轮，使刀具轻轻接触工件左端面，有切屑产生。提刀，移到工件的右面，靠右面，记住 X 值，计算 X/2，并将其记录到 G54 中的 X 上；铣刀靠工件的前面，记住 Y 值，提刀，移到工件的后面，靠后面，记住 Y 值，取这两个 Y 值的平均值，并将其记录到 G54 中的 Y 上。

4）使主轴正转，用铣刀慢慢靠近工件的上表面，记住 Z 值，并将其写入 G54 的 Z 上。

任务分析

根据工件的正确装夹方法装夹好工件，然后通过对刀、试切法设定工件坐标系。

任务实施

1. 对刀准备

1）开机，回参考点。

2）选择立铣刀进行对刀，采用机用平口钳进行装夹。

3）安装刀具。

2. 对刀步骤

1）在 MDI 方式下输入"M03 S500"，使主轴旋转。

2）X 轴对刀。将刀具移至工件左端面，下刀约 5mm，慢慢移动刀具，使刀具与工件接触，X 轴坐标值相对清零；再将刀具移至工件右端面处，下刀约 5mm，慢慢使刀具和工件接触，记下 X 坐标值并计算 X/2；提刀，将刀具移至 X/2 坐标值处，X 轴相对清零，此时刀具所在位置即为坐标原点。

3）Y 轴对刀。运用同样的方法，使刀具与工件的前面和后面接触，计算中间点坐标值，再将刀具移至该点并相对清零。

4）Z 轴对刀。将刀具慢慢移至工件上表面处，与工件接触，并记下坐标值。

5）输入坐标值。在操作面板上按"设置（F5）"与"工件坐标系设定（F1）"键，将机床坐标的 X、Y、Z 值（刀具移到 X 轴、Y 轴中心时，在上一步应该使 X 轴、Y 轴相对清零）抄写到自动坐标系 G54 中。

任务评价

对刀及工件坐标系设定任务评价见表 1-5。

表 1-5　对刀及工件坐标系设定任务评价

评价项目		序号	评价内容	配分	得　分
基本检查	操作	1	工件的装夹	20	
		2	铣刀的安装	20	
		3	试切法对刀时,工件坐标系 X 轴的寻找	14	
		4	试切法对刀时,工件坐标系 Y 轴的寻找	14	
		5	试切法对刀时,工件坐标系 Z 轴的寻找	12	
工作态度		6	行为规范、纪律表现	10	
尺寸检测		7	工件坐标系 X 轴、Y 轴、Z 轴寻找(三处)	10	
综合得分					

思考练习

1. 机床坐标系与工件坐标系有什么异同?
2. 在什么情况下使用 G92 指令?
3. 为什么 G54～G59 全部都是工件坐标系?
4. 对刀的目的是什么? 你还能想到其他的对刀方法吗?

佳句卡片

在生命所有的季节播种, 便会在劳动中收获喜悦。

任务六　程序的输入与编辑

知识点

➤ 认识数控铣程序的结构与组成。
➤ 理解数控铣程序的命名规则。

技能点

➤ 知道数控系统中程序的输入与编辑方法。
➤ 会对数控程序进行编辑、删除等工作。

任务描述

将表 1-6 所列程序内容输入到华中世纪星系统的数控铣床中, 并验证程序的正确性。

表 1-6　零件加工程序

程序段号	程序内容
	O0001;
N10	M06　T01;
N20	G90 G54 G17 G40 G80;
N30	G43 H01 G00 Z50.0;
N40	S1500 M03;

（续）

程序段号	程序内容
N50	X-100.0 Y-30.0;
N60	G01 Z5.0 F300;
N70	G01 Z-0.5 F50;
N80	G01 X100.0 Y-30.0 F200;
N90	Y30.0 ;
N100	X-100.0;
N110	G00 Z200.0;
N120	M05;
N130	M30;

知识链接

一、数控程序的基本结构

一个完整的加工程序由若干程序段组成，一个程序段由若干代码字组成，每个代码字由字母（地址符）和若干数字（有的带符号）组成，即

程序编号：　　O0001;

程序内容：　　N001　G92　X40.0　Y30.0;

　　　　　　　N002　G90　G00　X28.0　T01　S800 M03;

　　　　　　　N003　G01　X-8.0　Y8.0　F200;

　　　　　　　N004　X0　Y0;

　　　　　　　N005　X28.0　Y30.0;

　　　　　　　N006　G00　X40.0;

程序结束段：　N007　M30;

1. 程序编号

采用程序编号地址码区分存储器中的程序。不同数控系统的程序编号地址码不同，如华中数控系统采用O作为程序编号地址码；美国的AB8400数控系统采用P作为程序编号地址码；德国的SMK8M数控系统采用%作为程序编号地址码等。

2. 程序内容

程序内容部分是整个程序的核心，由若干个程序段组成，每个程序段由一个或多个指令字构成，每个指令字由地址符和数字组成，它代表机床的一个位置或一个动作，每个程序段结束用";"号。

3. 程序结束段

以程序结束指令M02或M30作为整个程序结束的符号。

>> **温馨提示** 　M02、M30都是程序停止的意思，但M02完成后机床显示当前程序段，而M30则返回程序开头。M02一般用于单一零件的加工，而M30则用于批量加工。

二、程序段中的字的含义

1. 程序段格式

程序段格式是指一个程序段中的字、字符和数据的书写规则。目前常用的是字地址可编程序段格式，它由语句号字、数据字和程序段结束符号组成。每个字的字首是一个英文字母，称为字地址码，字地址码可编程序段的常见格式见表1-7。

表1-7　字地址码可编程序段的常见格式

N156	G	G	X	Y	Z	A	B	C	F	M

字地址码可编程序段格式的特点是：程序段中各自的先后排列顺序并不严格，不需要的字以及与上一程序段相同的继续使用的字可以省略；每一个程序段中可以有多个G指令或G代码；数据的字可多可少，程序简短、直观、不易出错，因而得到广泛使用。

2. 程序段号

程序段号通常用数字表示，在数字前还冠有标识符号N。现代数控系统中很多都不要求程序段号，故其可以省略。

3. 准备功能

准备功能简称G功能，由表示准备功能的地址符G和数字组成，如直线插补指令G01。G指令代码的符号已标准化。

G代码表示准备功能，目的是将控制系统预先设置为某种预期的状态，或者某种加工模式和状态，例如G00将机床预先设置为快速运动状态。准备功能表明了它本身的含义，G代码将使控制器以一种特殊方式接受G代码后的编程指令。

4. 坐标字

坐标字由坐标地址符及数字组成，并按一定的顺序进行排列，各组数字必须具有作为地址码的地址符X、Y、Z开头，各坐标轴的地址符按下列顺序排列：X、Y、Z、U、V、W、P、Q、R、A、B、C，其中，X、Y、Z为刀具运动的终点坐标值。

程序段将说明坐标值是绝对模式还是增量模式，是英制单位还是公制单位，到达目标位置的运动方式是快速运动还是直线运动。

5. 进给功能 F

进给功能由进给地址符F及数字组成，数字表示所选定的进给速度。

6. 主轴转速功能 S

主轴转速功能由主轴地址符S及数字组成，数字表示主轴转速，单位为r/min。

7. 刀具功能 T

刀具功能由地址符T和数字组成，用以指定刀具的号码。

8. 辅助功能

辅助功能简称M功能，由辅助操作地址符M和数字组成。

9. 程序段结束符号

程序段结束符号放在程序段最后一个有用的字符之后，表示程序段的结束。因为控制方式不同，结束符应根据编程手册规定而定。

需要说明的是，数控机床的指令在国际上有很多格式标准。随着数控机床的发展，其系统功能更加强大，使用更方便。在不同数控系统之间，程序格式上会存在一定的差异，因此在具体掌握某一数控机床时要仔细了解其数控系统的编程格式。

任务分析

使用数控机床加工工件时，首先需要创建数控系统能识别的代码，即程序，然后利用该程序控制数控机床执行部件完成零件的加工。将数控程序输入数控装置一般有两种方法：一种方法是手动输入，即操作者可以利用机床上的显示屏及键盘输入加工程序指令，控制机床的运动；另一种方法是控制介质输入，对于配置有计算机软驱动器或数据接口的数控机床，可以将存储在磁盘上的程序通过软驱或数据线输入数控系统。比较短的程序，一般可在数控机床键盘上进行手动输入。

对于创建好的程序，必须校验其正确性，可以通过图形模拟功能在画面上显示程序的刀具轨迹。如果轨迹错误，所绘出的轨迹便会和工作图不同；如果程序语法或指令出错，程序会停止在错误指令的位置，并显示报警代码。

任务实施

根据要求完成表1-6所列程序的输入与编辑工作。

1. 新建程序文件

1) 按"程序"键，显示程序编辑界面或程序目录界面。

2) 新建一个程序文件，命名为"O"+四位数字，此处为"O0001"。

3) 开始输入程序。

4) 按"Enter"键确认，按"BS"键可删除一个字符。

2. 程序的编辑

修改：选择需要修改的程序，按"Enter"键进入，在功能区选择"编辑"。

程序的编辑

删除：选择需要删除的程序，按"DEL"键，然后按"Enter"键确定。

查找：按"PgUp"键向上翻页，按"PgOn"键向下翻页。

任务评价

程序输入与编辑任务评价见表1-8。

表1-8　程序输入与编辑任务评价

评价项目		序号	评价内容	配分	得分
基本检查	操作	1	新建文件夹	10	
		2	程序的输入	20	
		3	程序的修改	20	
		4	程序的删除	20	
		5	图形模拟	20	
工作态度		6	行为规范、纪律表现	10	
			综合得分		

思考练习

1. 数控程序由哪些部分组成？
2. 程序字由什么组成？各部分的功能是什么？
3. 给程序命名时有哪些注意事项？

佳句卡片

人的天赋就像火花，它既可以熄灭，也可以燃烧起来。而使它燃烧得燃天铄地的方法只有一个，就是劳动。

任务七　首件试切

知识点

➤ 了解数控铣床操作流程。
➤ 理解数控编程基本指令的含义。

技能点

➤ 能进行数控铣床回参考点操作。
➤ 会进行工件的首件试切加工。

任务描述

图 1-21 所示工件毛坯为 100mm×100mm×20mm 的铝材，要求在毛坯的上表面铣削掉 0.5mm。

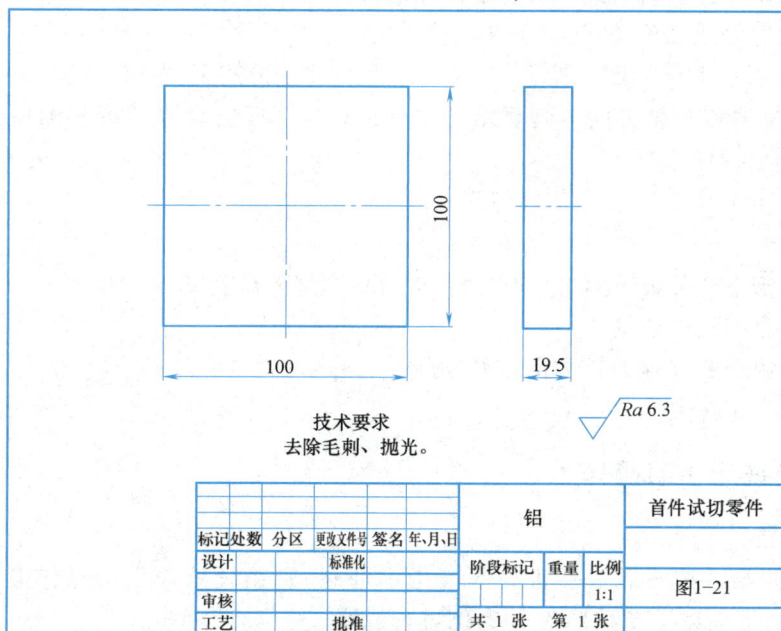

技术要求
去除毛刺、抛光。

$\sqrt{}$ Ra 6.3

标记处数	分区	更改文件号	签名	年、月、日		铝		首件试切零件	
设计		标准化							
审核					阶段标记	重量	比例	图1-21	
工艺		批准					1:1		
					共 1 张	第 1 张			

图 1-21　首件试切零件

知识链接

一、数控铣床操作流程

对数控机床的操作正确与否在很大程度上决定了这台数控机床能否发挥正常的经济效益以及它本身的使用寿命，这对数控机床的生产厂和用户都是事关重大的问题。

1. 开机前检查

（1）机床电气检查　打开机床电控箱，检查继电器、接触器、熔断器、伺服电动机速度控制单元插座、主轴电动机速度控制单元插座等有无松动，如有松动应恢复正常状态。有锁紧机构的接插件一定要锁紧，有转接盒的机床一定要检查转接盒上的插座、接线有无松动，有锁紧机构的一定要锁紧。

（2）油液检查　检查气压、油压是否符合要求；检查导轨润滑油箱中的油液是否满足要求。

（3）防护装置检查　检查导轨、机床的防护罩等有无松动或漏水。

（4）急停按钮检查　确保急停按钮处于按下的状态。

2. 机床回参考点

在数控机床上，各坐标轴的正方向是定义好的，因此只要机床原点确定，机床坐标系也就确定了。机床原点往往是由机床厂家在设计机床时就确定了的，但这仅是机械意义上的原点，计算机数控系统还是不能识别，即数控系统并不知道以哪一点作为基准对机床工作台的位置进行跟踪、显示等。为了让系统识别机床原点，以建立机床坐标系，就需要执行回参考点的操作。

1）打开数控铣床的电源开关（在机床后方，电源开关应向顺时针方向旋转90°）。

2）将主轴倍率开关旋转到"×100"，将进给倍率开关旋转到"×100"。

3）旋开紧急停止红色按钮。

4）按下"回参考点"键，按下"+X""+Y"键，再按下"+Z"键，进行机床回参考点操作。先回X轴和Y轴方向，到显示器中X、Y的坐标值为零即可，然后回Z轴，按照上述方式回参考点即可。

5）按下"回参考点"键，使灯熄灭。

3. 关闭机床

1）将主轴倍率开关旋转到"×50"，将进给倍率开关旋转到"×10"。

2）按下紧急停止红色按钮。

3）关闭电源开关（逆时针方向旋转90°）。

4）关闭总电源开关。

二、数控铣床手动操作

1. 手动进给

（1）手动进给　按一下"手动"键（指示灯亮），系统处于手动操作方式，可手动移动机床坐标轴。下面以手动移动X轴为例进行说明。

1）按下"+X"或"-X"键（指示灯亮），X轴将产生正向或负向的连续移动。

2）松开"+X"或"-X"键（指示灯灭），X轴即减速停止。

用同样的操作方法使用"+Y""-Y""+Z""-Z""+4TH"，"-4TH"键，可以使Y轴、Z轴、4TH轴产生正向或负向连续移动。同时按压多个相容轴的手动按键，每次能手动连续移动多个坐标轴。

在手动连续进给方式下，进给速率为系统参数"最高快移速度"的1/3乘以进给修调选择的进给倍率。

（2）手动快速移动　在手动连续进给时，若同时按下"快进"键，则产生相应轴的正向或负向快速运动。手动快速移动的速率为系统参数"最高快移速度"乘以快速修调选择的快移倍率。

2. 手轮进给

（1）手摇进给　当手持单元的坐标轴选择波段开关置于"X""Y""Z""4TH"档时，按一下控制面板上的"增量"按键（指示灯亮），系统处于手摇进给方式，可手摇进给机床坐标轴。下面以手摇进给X轴为例进行说明。

1）将手持单元的坐标轴选择波段开关置于"X"档。

2）手动顺时针/逆时针方向旋转手摇脉冲发生器一格，X轴将向正向或负向移动一个增量值。

用同样的操作方法使用手持单元，可以使Y轴、Z轴、4TH轴向正向或负向移动一个增量值。手摇进给方式每次只能增量进给一个坐标轴。

（2）增量值选择　手摇进给的增量值（手摇脉冲发生器每转一格的移动量）由手持单元的增量倍率波段开关"×1""×10""×100"控制。增量倍率波段开关的位置和增量值的对应关系见表1-9。

表 1-9　手轮倍率

位置	×1	×10	×100
增量值/mm	0.001	0.01	0.1

任务分析

如图1-21所示，在尺寸为100mm×100mm×20mm的铝材上用盘铣刀铣削上表面，铣削深度为0.5mm，要求铣削至上表面光亮。

任务实施

一、工艺分析

1. 分析技术要求

不用分粗、精加工，一次垂直下刀至要求的深度尺寸，加工路线考虑路径最短原则即可。由于加工图形是连续的，加工过程中不需要考虑抬刀。加工路线如图1-22所示，其中工件中心为工件坐标系原点。

刀具从空中快速移动到P₁上方并下刀至P₁点→直线切削至P₂点→直线切削至P₃点→直线切削至P₄点→抬刀。各基点坐标见表1-10。

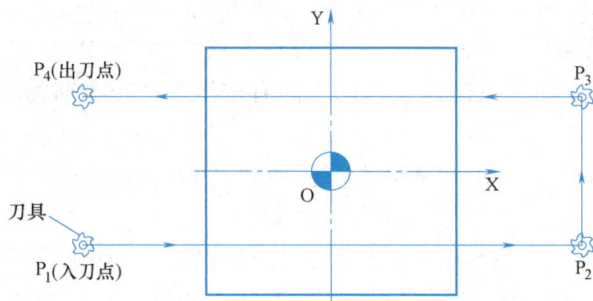

图 1-22 加工路线

表 1-10 各基点坐标

基点	坐标(X、Y)	基点	坐标(X、Y)
P_1	（-100，-30）	P_3	（100，30）
P_2	（100，-30）	P_4	（-100，30）

2. 确定装夹方法

工件毛坯为方形，采用机用平口钳装夹，工件伸出钳口的尺寸视零件图而定，如图 2-23a 所示；工件下用垫铁支承，用百分表进行找正后夹紧，如图 1-23b 所示。

a)

b)

图 1-23 工件的装夹与找正

a) 工件的装夹 b) 工件的找正

二、工、量具选择

1. 选择量具

由于零件加工精度要求不是很高，量具使用 0～150mm、分度值为 0.02mm 的游标卡尺即可。

2. 选择刀具

加工材料为铝材，加工深度为 0.5mm，考虑到周边加工余量，一次去除所有的加工余量，因此选择 ϕ80mm 的硬质合金面铣刀（图 1-24）。

图 1-24 面铣刀

本任务的工、量、刀具清单见表 1-11。

表 1-11　工、量、刀具清单

种类	序号	名称	规格/mm	分度值/mm	单位	数量
工具	1	机用平口钳			个	1
	2	扳手			个	1
	3	平行垫铁			副	1
	4	橡胶锤子			个	1
量具	5	钢直尺	0~150		把	1
	6	游标卡尺	0~150	0.02	把	1
刀具	7	面铣刀	$\phi 80$		把	1

三、切削用量的选择

加工材料为铝材，硬度低、切削力小，选择背吃刀量为 0.5mm，主轴转速为 1500r/min，进给速度为 200mm/min。

四、制订工序卡、编写加工程序清单

1）首件工件上表面加工工序卡见表 1-12。

表 1-12　首件工件上表面加工工序卡

数控加工工序卡片			产品名称	零件名称		材料		零件图号	
				首件工件		铝			
工序号	程序编号	夹具名称	夹具编号	使用设备				车间	
		机用平口钳		沈阳机床 VM850					
工步号	工步内容		刀具号	刀具规格 /mm	主轴转速 $n/(\text{r/min})$	进给速度 v_f /(mm/min)	背吃刀量 a_p /mm	备注	
1	铣削首件工件 上表面		T01	$\phi 80$	1500	200	0.5		
编制		审核		批准		共　页		第　页	

2）首件工件上表面加工程序清单见表 1-13。

表 1-13　首件工件上表面加工程序清单

程序段号	程序内容	程序说明
	O0001;	程序号
N10	M06 T01;	1 号刀具
N20	G90 G54 G17 G40 G80;	设置零点偏移
N30	G43 H01 G00 Z50.0;	刀具快速移动到安全高度
N40	S1500 M03;	主轴正传,转速为 1500r/min
N50	X-100.0 Y-30.0;	刀具空间快速移动到 P_1 点上方

（续）

程序段号	程序内容	程序说明
N60	G01 Z5.0 F300;	以 G01 方式下刀至参考平面,进给速度为 300mm/min
N70	G01 Z-0.5 F50;	以 G01 方式下刀,深度为 0.5mm,进给速度为 50mm/min
N80	G01 X100.0 Y-30.0 F200;	以 G01 方式加工到 P_2 点,进给速度为 200mm/min
N90	Y30.0;	以 G01 方式加工到 P_3 点
N100	X-100.0;	以 G01 方式加工到 P_4 点
N110	G00 Z200.0;	以 G00 方式抬刀,Z 方向坐标为 200mm
N120	M30;	程序结束

任务评价

首件工件加工任务评价见表 1-14。

表 1-14　首件工件加工任务评价

评价项目		序号	评价内容	配分	得　分
基本检查	编程	1	加工工艺制订正确	10	
		2	切削用量选择合理	6	
		3	程序正确、简单、规范	10	
	操作	4	设备操作、维护保养正确	8	
		5	安全、文明生产	10	
		6	刀具选择、安装正确、规范	8	
		7	工件找正、安装正确、规范	8	
工作态度		8	行为规范、纪律表现	10	
尺寸检测		9	$Ra6.3\mu m$	20	
		10	19.5mm	10	
综合得分					

思考练习

根据本任务学习的内容，把 $\phi80mm$ 的面铣刀换成 $\phi100mm$ 或 $\phi50mm$ 的面铣刀来加工图 1-21 所示工件，试制订工、量、刀具清单与工序卡，并编写加工程序清单。

佳句卡片

爱岗就是信念，敬业就是情感，两者的结合就会产生力量。力量是成功的源泉。

项目二

平面类零件的加工

学 习 目 标

- 了解面铣刀的选用。
- 会使用 G00、G01、G02、G03 等指令编制程序。
- 掌握刀具半径补偿、长度补偿指令及其使用。
- 掌握平面铣削工艺的制订及编程方法。
- 会操作数控铣床铣削平面，保证零件加工质量。

素 养 目 标

- 树立学生的岗位意识，培养学生的职业精神。
- 培养学生认真严谨的学习与工作态度及工匠精神。

引言

对平面进行加工可以通过手动控制的方式，但加工效率低，精度难以得到保证，主要是在普通铣床上采用。数控铣床可以通过加工程序控制加工过程。通过本项目的学习，使学生具备一定的数控铣削平面的工艺分析能力，理解数铣基本指令 G00/G01、刀具半径补偿指令 G40/G41/G42、刀具长度补偿指令 G43/G44/G49 等的含义及使用方法，并能组合运用这些指令，完成零件的加工。

任务一　平面的加工

知识点

- 了解数控加工的基础知识。
- 掌握数控编程常用指令的含义。

技能点

➢ 会进行简单零件的编程。
➢ 会进行平面类零件的铣削加工。
➢ 掌握零件的安装与找正方法。

任务描述

图 2-1 所示零件的毛坯为 80mm×80mm×35mm 的硬铝，试编写其上表面的数控铣床加工程序并进行加工。

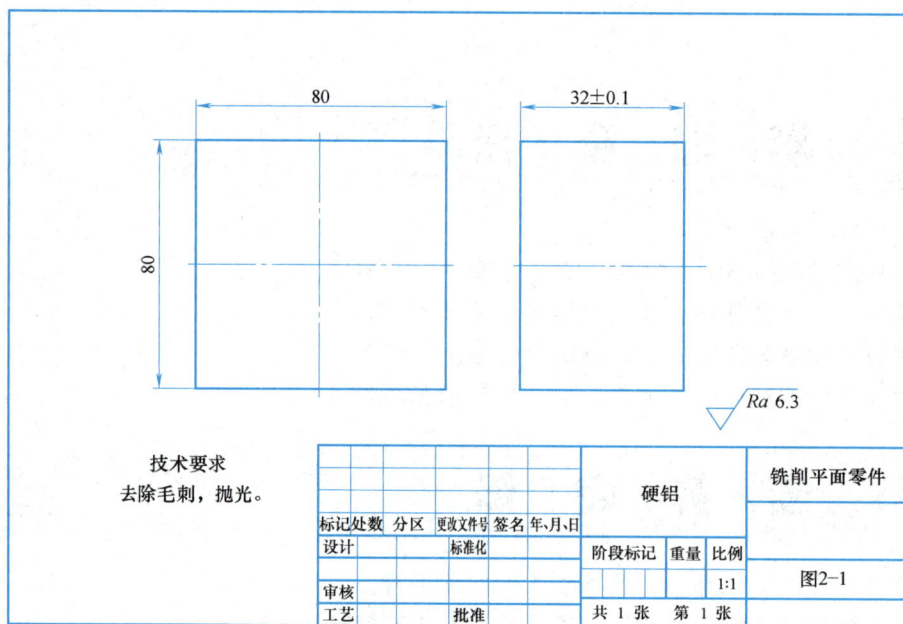

						硬铝		铣削平面零件	
标记处数	分区	更改文件号	签名	年、月、日					
设计			标准化			阶段标记	重量	比例	
审核								1:1	图2-1
工艺			批准			共 1 张	第 1 张		

技术要求
去除毛刺，抛光。

图 2-1　铣削平面零件

知识链接

一、平面铣削的基本知识

1. 平面铣削方式

在数控铣床上铣削平面的方法有两种，即周铣和端铣。用分布于铣刀圆柱面上的刀齿进行的铣削称为周铣（即铣削垂直面），如图 2-2a 所示；用分布于铣刀端面上的刀齿进行铣削称为端铣，如图 2-2b 所示。

2. 平面铣削加工的进给路线

数控铣削加工中进给路线的确定

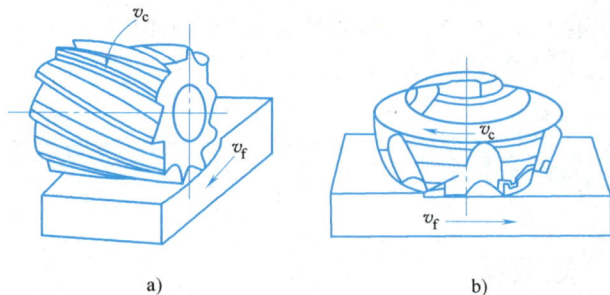

a)　　　　　　b)

图 2-2　平面铣削方式
a）周铣　b）端铣

对零件的加工精度和表面质量有直接的影响。因此，确定好进给路线是保证铣削加工精度和表面质量的工艺措施之一。进给路线的确定与工件表面状况、要求的零件表面质量、机床进给机构的间隙、刀具寿命以及零件轮廓形状等有关。

在平面加工中，能使用的进给路线也是多种多样的，比较常用的有两种。图 2-3a、b 所示分别为平行加工和环绕加工的进给路线。

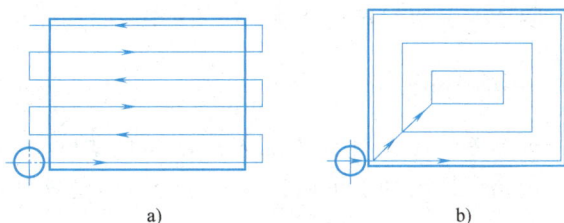

图 2-3　平面铣削进给路线
a）平行加工　b）环绕加工

二、相关指令

1. 快速点定位指令（G00）

指令格式：G00 X __ Y __ Z __；

说明：X、Y、Z 为刀具目标点的坐标值。当使用增量方式时，X、Y、Z 为目标点相对于起始点的增量坐标，不运动的坐标可以不写。

例：G00 X30.0 Y10.0；

>> **温馨提示**　G00 指令不用指定移动速度，其移动速度由机床系统参数设定。在实际操作时，也能通过机床面板上的按钮"F0""F25""F50""F100"对其移动速度进行调节。

快速点定位指令 G00 介绍

如图 2-4 所示，快速移动的轨迹通常为折线形轨迹，图中快速移动轨迹 OA 和 AD 的程序段如下：

OA：G00 X30.0 Y10.0；

AD：G00 X0 Y30.0；

对于 OA 程序段，刀具在移动过程中先在 X 轴和 Y 轴方向移动相同的增量，即图中的 OB 轨迹，然后再从 B 点移动至 A 点。同样，AD 程序段则由轨迹 AC 和 CD 组成。

由于 G00 的轨迹通常为折线形轨迹，因此要特别注意采用 G00 方式进、退刀时刀具相对于工件、夹具所处的位置，以避免在进、退刀过程中刀具与工件、夹具等发生碰撞。

图 2-4　G00 轨迹实例

2. 直线插补指令（G01）

指令格式：G01 X __ Y __ Z __ F __；

说明：X、Y、Z 为刀具目标点坐标值。当使用增量方式时，X、Y、Z 为目标点相对于起始点的增量坐标，不运动的坐标可以不写。

直线插补指令 G01 介绍

>> **温馨提示**　F 为刀具切削进给的速度。在 G01 程序段中必须含有 F 指令。如果在 G01 程序段前的程序中没有指定 F 指令，而在 G01 程序段也没有 F 指令，则机床不运动，有的系统还会出现系统报警。

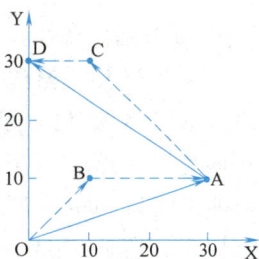

图 2-5 中切削运动轨迹 CD 的程序段为：G01 X0 Y20.0 F100；

任务分析

根据零件图制订加工工艺，选择合适的刀具，运用 G00、G01 等常用指令铣削加工平面，并选择合适的量具对工件进行检测。

G00、G01 指令的实际应用

任务实施

1. 加工准备

本任务选用华中系统数控铣床。选择图 2-6 所示 ϕ60mm 面铣刀（刀片材料为硬质合金）进行加工，采用机用平口钳进行装夹。切削用量推荐值如下：主轴转速 $n=1000\text{r/min}$，进给速度 $v_\text{f}=300\text{mm/min}$，背吃刀量 $a_\text{p}=1\sim3\text{mm}$。

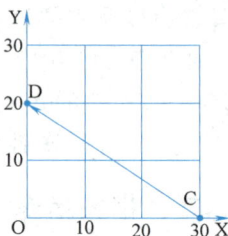

图 2-5 G01 轨迹实例

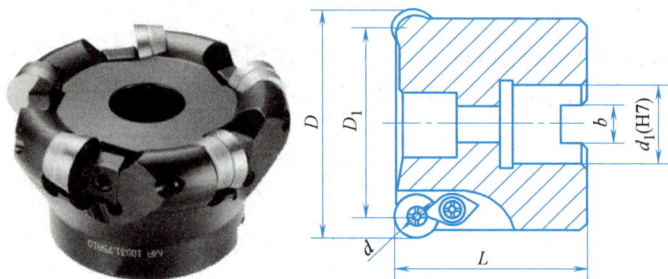

图 2-6 ϕ60mm 面铣刀

2. 编写加工程序

（1）设计加工路线　加工本例工件时，刀具的运动轨迹如图 2-7 所示（先 A—B—C—D，再 Z 向切深，然后 D–C–B–A）。由于零件 Z 向总切削深度为 3mm，所以采用分层切削的方式进行加工，背吃刀量分别取 2mm 和 1mm。刀具在加工过程中经过的各基点坐标分别为 A（-80.0，-20.0）、B（40.0，-20.0）、C（40.0，20.0）、D（-80.0，20.0）。

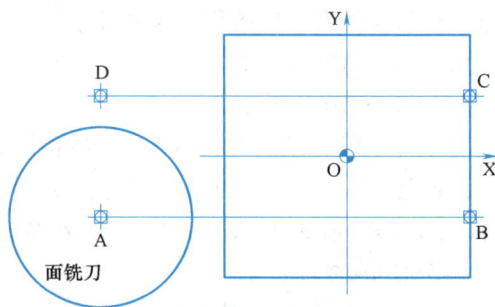

（2）编制数控加工程序　平面零件数控铣加工程序见表 2-1。

图 2-7 刀具的运动轨迹

表 2-1 平面零件数控铣加工程序

刀具	ϕ60mm 面铣刀	
程序段号	加工程序	程序说明
	O0021；	程序号
N10	G90 G94 G21 G40 G17 G54；	程序初始化
N20	G91 G28 Z0；	Z 向回参考点
N30	M03 S1000；	主轴正转，转速为 1000r/min，切削液开
N40	G90 G00 X-80.0 Y-20.0 M08；	刀具在 OXY 平面内快速定位
N50	Z20.0；	刀具 Z 向快速定位

（续）

刀具	ϕ60mm 面铣刀	
程序段号	加工程序	程序说明
N60	G01 Z−2.0 F500;	第一层切削深度位置
N70	X40.0;	A→B
N80	Y20.0;	B→C
N90	X−80.0;	C→D
N100	Z−3.0;	第二层切削深度位置
N110	X40.0;	D→C
N120	Y−20.0;	C→B
N130	X−80.0;	B→A
N140	G00 Z100.0 M09;	刀具 Z 向快速抬刀
N150	M05;	主轴停转
N160	M30;	程序结束

>> 温馨提示　　　编程完毕后，根据所编写的程序手工绘出刀具在 XOY 平面内的轨迹，以验证程序的正确性。另外，编程时应注意模态指令的合理使用。

3. 数控加工

（1）程序自动运行前的准备　由教师完成刀具和工件的安装，找正安装好的工件，学生观察教师的动作。学生完成程序的输入和编辑工作，采用机床锁住、空运行和图形显示功能进行程序校验。

（2）自动运行　注意：在首件自动运行加工时，操作者通常是一手放在"循环启动"键上，另一手放在"循环停止"键上，眼睛时刻观察刀具运行轨迹和加工程序，以保证加工安全。

任务评价

平面铣削任务评价见表 2-2。

表 2-2　平面铣削任务评价

项目与权重	序号	技术要求	配分	评分标准	检测记录	得分
加工操作（20%）	1	(32±0.1)mm	10	超差 0.01mm 扣 2 分		
	2	表面粗糙度值 Ra6.3μm	10	超差每处扣 2 分		
程序与加工工艺(30%)	3	程序格式规范	10	不规范每处扣 2 分		
	4	程序正确、完整	10	不正确每处扣 2 分		
	5	工艺合理	5	不合理每处扣 1 分		
	6	程序参数合理	5	不合理每处扣 1 分		
机床操作（30%）	7	对刀及坐标系设定	10	不正确每处扣 2 分		
	8	机床面板操作正确	10	不正确每处扣 2 分		
	9	手摇操作不出错	5	不正确每处扣 2 分		
	10	意外情况处理合理	5	不合理每处扣 2 分		
安全文明生产(20%)	11	安全操作	10	不合格全扣		
	12	机床整理	10	不合格全扣		

知识拓展

轴类零件的装夹与找正

对于轴类零件，无法采用机平口钳或压板装夹时，通常采用卡盘或者分度头、四轴转台上自带的卡盘进行装夹。

卡盘根据卡爪的数量分为二爪卡盘、三爪卡盘、四爪卡盘和六爪卡盘等几种类型。在数控车床和数控铣床上应用较多的是自定心卡盘（图2-8a）和单动卡盘（图2-8b）。特别是自定心卡盘，由于其具有自动定心作用和装夹简单的特点，因此中小型圆柱形工件在数控铣床或数控车床上加工时，常采用自定心卡盘进行装夹。卡盘的夹紧有机械螺旋式、气动式或液压式等多种形式。

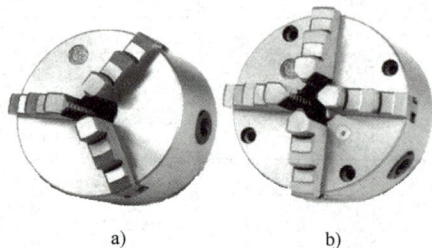

a)   b)

图2-8 卡盘图

采用卡盘装夹时，先将卡盘固定在工作台上，保证卡盘的中心与工作台台面垂直。自定心卡盘装夹圆柱形工件时的找正如图2-9所示，将百分表固定在主轴上，测头接触外圆侧素线，上下移动主轴，根据百分表的读数用铜棒轻敲工件进行调整。当主轴上下移动过程中百分表读数不变时，表示工件素线平行于Z轴。

当找正工件外圆圆心时，可手动旋转主轴，根据百分表的读数值在OXY平面内手摇移动工件，直至手动旋转主轴时百分表读数值不变。此时，工件中心与主轴轴心同轴，记下此时机床坐标系的X、Y坐标值，可将该点（圆柱中心）设为工件坐标系OXY平面的编程原点。内孔中心的找正方法与外圆圆心的找正方法相同。

对于需要采用分度或四轴联动加工的零件，通常采用图2-10所示的分度头或图2-11所示的四轴旋转工作台进行装夹。

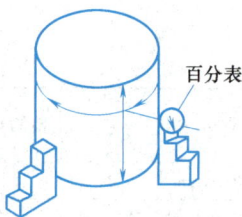

百分表

图2-9 自定心卡盘装夹圆柱形工件时的找正

图2-10 分度头

分度头是数控铣床或普通铣床的主要部件。在机械加工中，常用的分度头有万能分度头、简单分度头和直接分度头等，但这些分度头普遍分度精度不是很高。因此，为了提高分度精度，数控机床上还采用了投影光学分度头和数显分度头等对精密零件进行分度。四轴工作台既可直接通过压板装夹工件，也可在工作台上安装卡盘，再通过卡盘进行工件的装夹。

采用分度头或四轴旋转工作台装夹工件（工件横放）时，其找正方法如图2-12所示。在上素线和侧素线处分别左右移动百分表，调整工件，保证百分表在移动过程中的读数始终相等，从而确保工件侧素线与工件进给方向平行。

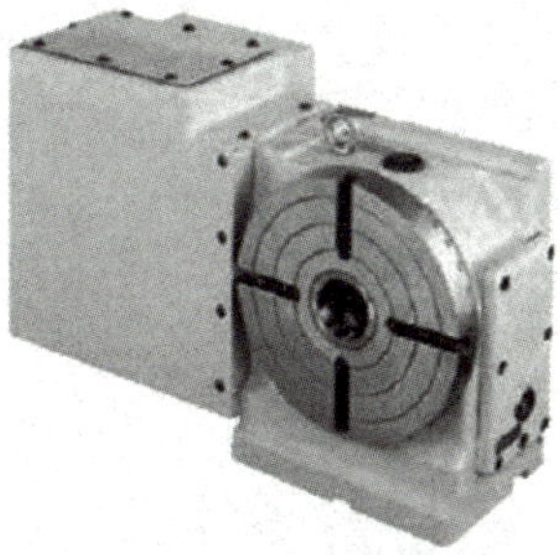

图 2-11　四轴旋转工作台

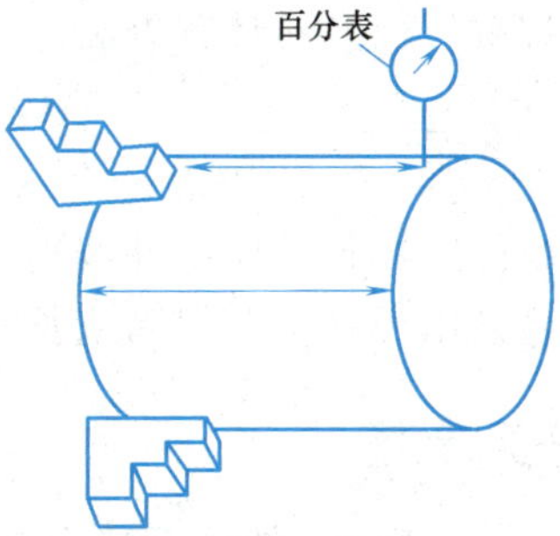
百分表

图 2-12　工件找正

思考练习

图 2-13 所示为四周加工的零件，毛坯为 80mm×80mm×72mm 的硬铝，试编写其加工程序。

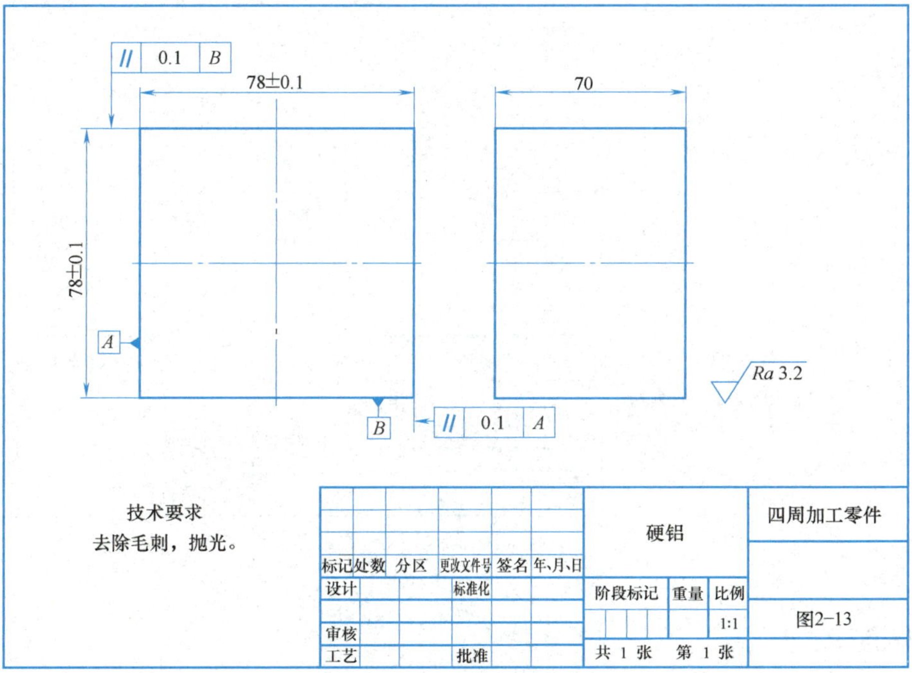
// 0.1 B
78±0.1
70
78±0.1
A
B
// 0.1 A
Ra 3.2
技术要求
去除毛刺，抛光。
标记 处数 分区 更改文件号 签名 年、月、日
设计 标准化
审核
工艺 批准
硬铝
阶段标记 重量 比例
1:1
共 1 张 第 1 张
四周加工零件
图2-13

图 2-13　四周加工零件

佳句卡片

未来将属于两种人，思想的人和劳动的人，实际上这两种人是一种人，因为思想也是劳动。

——雨果

任务二　长方体的加工

知识点

➢ 理解数控编程常用指令的含义。

➤ 理解刀位点的计算方法。

技能点

➤ 会给简单长方体零件编程。
➤ 会使用外径千分尺测量长方体零件。

任务描述

图 2-14 所示零件的毛坯为 80mm×80mm×35mm 的硬铝，试编写 50mm×40mm×6mm 凸台的数控铣床加工程序并进行加工。

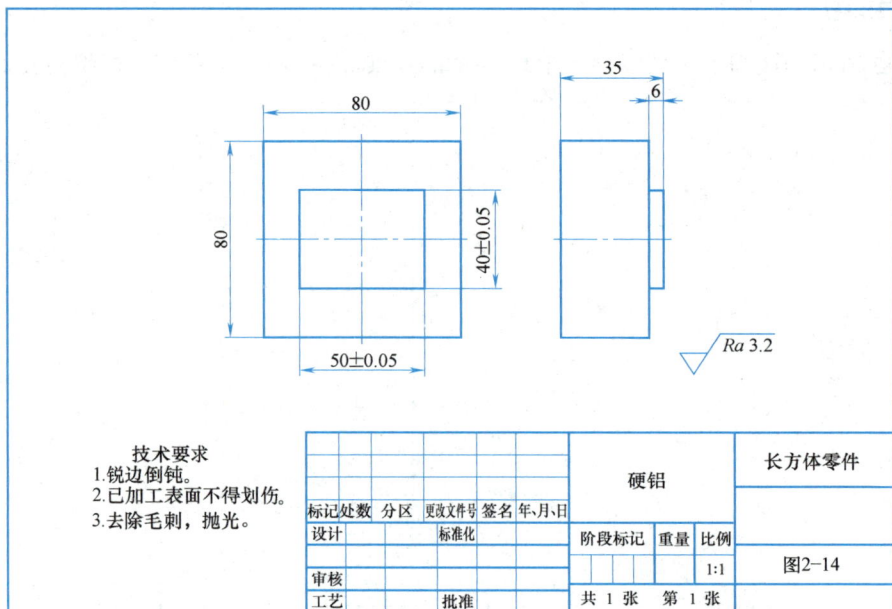

图 2-14 长方体零件

知识链接

粗、精加工的划分

一般机加工时为了提高加工效率与产品精度，降低装夹要求，合理利用机床，通常都会将零件的加工工艺分为粗加工和（半）精加工。

1）工件加工划分阶段后，粗加工可以选大吃刀量和大进给速度。而因其加工余量大、切削力大等因素形成的加工误差，可通过半精加工和精加工逐步得到纠正，从而保证加工质量。

2）合理利用加工设备。粗加工和精加工对加工设备的要求各不相同，加工阶段划分后，可充分发挥粗、精加工设备的特点，合理利用设备，提高生产率。粗加工设备功率大、效率高、刚性强；精加工设备精度高、误差小，能满足图样要求。

3）粗加工在先，能够及时发现工件毛坯缺陷。毛坯的各种缺陷如砂眼、气孔和加工余量不足等，在粗加工时即可发现，便于及时修补或决定报废，以免继续加工造成工时和费用的浪费。

>> **温馨提示**　精加工是粗加工之后的工序，所以粗加工要给精加工留有余量，余量的大小根据粗加工的刀具而定，一般为 0.3~0.5mm。

任务分析

根据零件图制订加工工艺，选择合适的刀具，运用 G00、G01 等常用指令铣削长方体零件，选择合适的刀具对工件进行精加工，并用外径千分尺进行检测。

任务实施

1. 加工准备

本任务选用华中系统数控铣床，选择图 2-6 所示 ϕ60mm 面铣刀（刀片材料为硬质合金）进行粗加工，选择 ϕ10mm 立铣刀（刀片材料为高速钢）进行精加工。切削用量推荐值如下：粗加工时，主轴转速 $n=1000$r/min，进给速度 $v_f=300$mm/min；精加工时，主轴转速 $n=1200$r/min，进给速度 $v_f=250$mm/min。

2. 编写加工程序

（1）设计粗加工路线　加工本例工件时，粗加工刀具 ϕ60mm 面铣刀的运动轨迹如图 2-15a 所示（A—B—C—D—E）。粗加工时，零件 Z 向切削深度为 6mm，所以采用分层切削的方式进行加工，总背吃刀量为 6mm，分两次加工，每次背吃刀量为 3mm。刀具在加工过程中经过的各基点坐标分别为 A（-80，-50.3）、B（55.3，-50.3）、C（55.3，50.3）、D（-55.3，50.3）、E（-55.3，-80）。

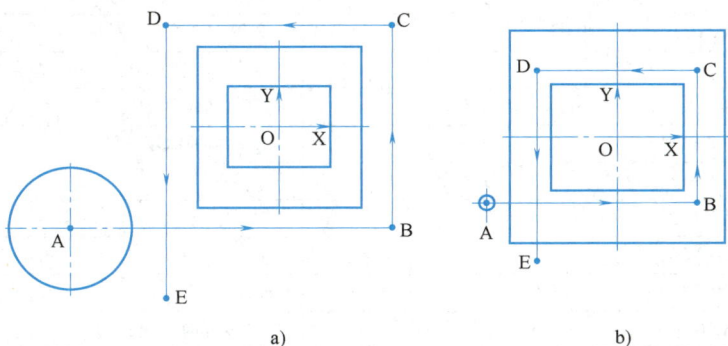

图 2-15　刀具运动轨迹

a）粗加工　b）精加工

（2）设计精加工路线　加工本例工件时，精加工刀具 ϕ10mm 立铣刀的运动轨迹如图 2-15b 所示（A—B—C—D—E）。精加工时，零件 Z 向切削深度为 6mm，所以采用一刀到底的方式进行加工，总背吃刀量为 6mm。刀具在加工过程中经过的各基点坐标分别为 A（-50，-25）、B（30，-25）、C（30，25）、D（-30，25）、E（-30，-60）。

（3）编制数控加工程序　长方体零件数控铣粗、精加工程序分别见表 2-3 和表 2-4。

表 2-3 长方体零件数控铣粗加工程序

刀具	ϕ60mm 面铣刀	
程序段号	加工程序	程序说明
	O0022;	程序号
N10	G90 G54 G17 G40 G80 G49;	程序初始化
N20	G00 X−80 Y−50.3;	快速移动到下刀点
N30	G00 Z100;	Z 轴安全高度（测量）
N40	M03 S1000 F300;	主轴转速为 1000r/min，进给速度为 300mm/min
N50	Z10.0;	刀具 Z 向快速定位
N60	G01 Z−3.0 F50;	第一次运行 Z 轴切削深度位置，第二次 Z 轴切削深度程序修改为 Z−6.0
N70	X55.3 Y−50.3 F300;	A→B
N80	X55.3 Y50.3;	B→C
N90	X−55.3 Y50.3;	C→D
N100	X−55.3 Y−80;	D→E
N110	G0 Z100;	刀具 Z 向快速抬刀
N120	M05;	主轴停转
N130	M30;	程序结束

表 2-4 长方体零件数控铣精加工程序

刀具	ϕ10mm 立铣刀	
程序段号	加工程序	程序说明
	O0023;	程序号
N10	G90 G54 G17 G40 G80 G49;	程序初始化
N20	G00 X−50 Y−25;	快速移动到下刀点
N30	G00 Z100;	Z 轴安全高度（测量）
N40	M03 S1200 F300;	主轴转速为 1200r/min，进给速度为 300mm/min
N50	Z10.0;	刀具 Z 向快速定位
N60	G01 Z−6.0 F50;	Z 轴切削深度位置
N70	X30 Y−25 F250;	A→B
N80	X30 Y25;	B→C
N90	X−30 Y25;	C→D
N100	X−30 Y−50;	D→E
N110	G0 Z100;	刀具 Z 向快速抬刀
N120	M05;	主轴停转
N130	M30;	程序结束

3. 数控加工

（1）程序自动运行前的准备 由教师完成刀具和工件的安装，找正安装好的工件，学生观察教师的动作。学生完成程序的输入和编辑工作，并校验程序是否正确。

（2）自动运行

1）粗加工程序每次背吃刀量为 3mm，总背吃刀量为 6mm，所以第一次加工完毕之后，在程序中更改 Z 值，从 Z3 改到 Z6。

2）精加工运行完毕之后进行测量，如果精度未达标，更改 A、B、C、D、E 点的坐标值。

任务评价

长方体零件加工的任务评价见表 2-5。

表 2-5 长方体零件加工的任务评价

项目与权重	序号	技术要求	配分	评分标准	检测记录	得分
加工操作（20%）	1	（50±0.05）mm	8	超差 0.01mm 扣 2 分		
	2	（40±0.05）mm	8	超差 0.01mm 扣 2 分		
	3	表面粗糙度值 Ra3.2μm	4	超差每处扣 2 分		
程序与加工工艺（30%）	4	程序格式规范	10	不规范每处扣 2 分		
	5	程序正确、完整	10	不正确每处扣 2 分		
	6	工艺合理	5	不合理每处扣 1 分		
	7	程序参数合理	5	不合理每处扣 1 分		
机床操作（30%）	8	对刀及坐标系设定	10	不正确每次扣 2 分		
	9	机床面板操作正确	10	不正确每次扣 2 分		
	10	手摇操作不出错	5	不正确每次扣 2 分		
	11	意外情况处理合理	5	不合理每次扣 2 分		
安全文明生产（20%）	12	安全操作	10	不合格全扣		
	13	机床整理	10	不合格全扣		

知识拓展

顺铣与逆铣的区别

逆铣：铣刀旋转方向与工件进给方向相反，铣削时每齿切削厚度从零逐渐到最大而后切出，如图 2-16a 所示。

顺铣：铣刀旋转方向与工件进给方向相同，铣削时每齿切削厚度从最大逐渐减小到零，如图 2-16b 所示。

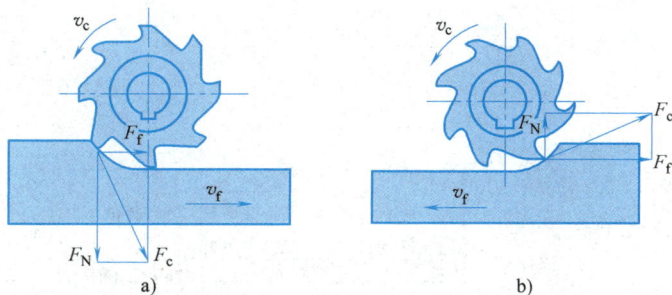

图 2-16 顺铣与逆铣
a）顺铣 b）逆铣

特点：

（1）切削厚度的变化 逆铣时，每个刀齿的切削厚度由零增至最大，但切削刃并非绝对锋利，铣刀刃口处总有圆弧存在，刀齿不能立刻切入工件，而是在已加工表面上挤压滑行，使该表面的硬化现象严重，影响了表面质量，也使刀齿的磨损加剧。顺铣时刀齿的切削厚度由最大到零，但刀齿切入工件时的冲击力较大，尤其工件待加工表面是毛坯或者有硬皮时。

（2）切削力方向的影响 顺铣时作用于工件上的垂直切削分力 F_N 始终压下工件，这对工件的夹紧有利。逆铣时 F_N 向上，有将工件抬起的趋势，易引起振动，影响工件的夹紧。铣薄壁和刚度差的工件时影响更大。铣床工作台的移动是由丝杠螺母传动的，丝杠螺母间有螺纹间隙。顺铣时工件受到的纵向分力 F_f 与进给运动方向相同，而一般主运动的速度大于进给速度 v_f，因此纵向分力 F_f 有使接触的螺纹传动面分离的趋势。当铣刀切到材料上的硬点或因切削厚度变化等原因引起纵向分力 F_f 增大，超过工作台进给摩擦阻力时，原螺纹副推动的运动形式变成了由铣刀带动工作台窜动的运动形式，引起进给量突然增加。这种窜动现象会引起"扎刀"，损坏加工表面；严重时还会使刀齿折断或者使工件夹具移位，甚至损坏机床。逆铣时工件受到的纵向分力 F_f 与进给运动方向相反，丝杠与螺母的传动工作面始终接触，由螺纹副推动工作台运动。在不能消除丝杠螺母间隙的铣床上，只宜用逆铣，不宜用顺铣。

思考练习

根据图 2-17 所示零件的毛坯为 80mm×80mm×35mm 的硬铝，试编写该零件上 50mm×50mm×6mm 凸台的加工程序。

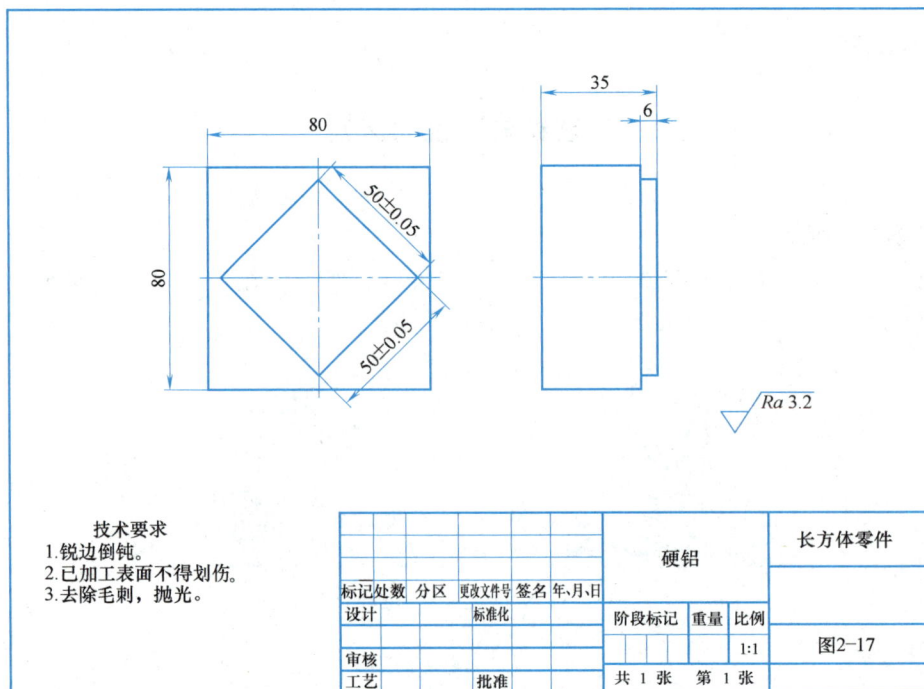

图 2-17　长方体零件

弘扬工匠精神，勇攀质量高峰。

任务三　　圆柱体的加工

知识点

> 理解数控编程常用指令的含义。
> 理解圆弧指令走刀轨迹的含义。

技能点

> 会进行简单圆柱零件加工的编程。
> 会应用圆弧指令编程。
> 能根据图样要求完成加工工艺的编制。

任务描述

图 2-18 所示零件的毛坯为 80mm×80mm×35mm 的硬铝，试编写 ϕ50mm×6mm 圆柱体的数控铣加工程序并进行加工。

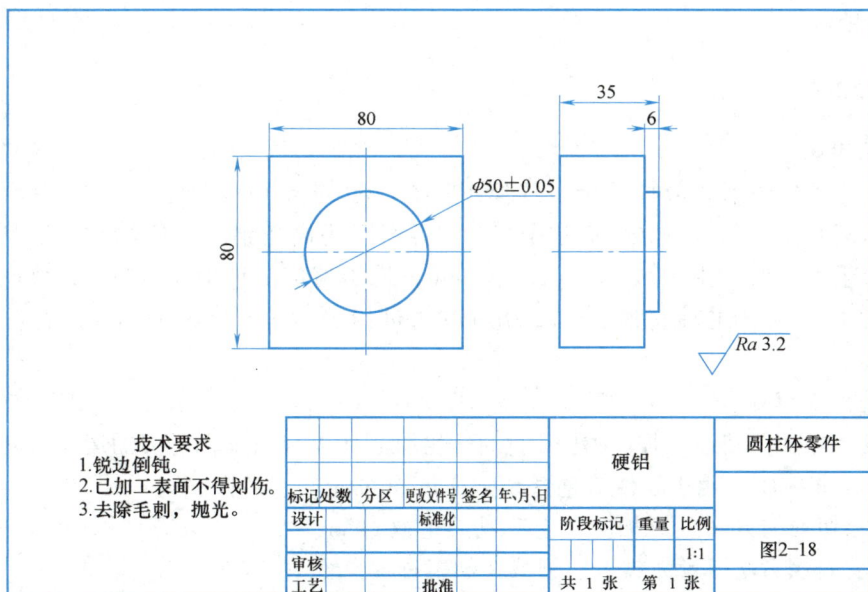

图 2-18　圆柱体零件

知识链接

圆弧指令的编程

G02 为顺时针圆弧插补指令，G03 为逆时针圆弧插补指令，如图 2-19 所示。

指令格式：

G17/G18/G19 G02/G03 X __ Y __ R __;

圆弧角度 $\theta \leqslant 180°$ 时，R 为正值；

圆弧角度 $180° < \theta < 360°$ 时，R 为负值。

当 $\theta = 360°$ 整圆时，指令格式为：

G02/G03 I __或 J __；I/J 为圆心相对于圆弧起点的偏移值。

X、Y、Z：终点坐标位置；

R：圆弧半径，以半径值表示（以 R 表示者又称为半径法）；I、J、K：从圆弧起点到圆心位置，在 X、Y、Z 轴上的分向量。

G02、G03 指令 1

G02、G03 指令 2

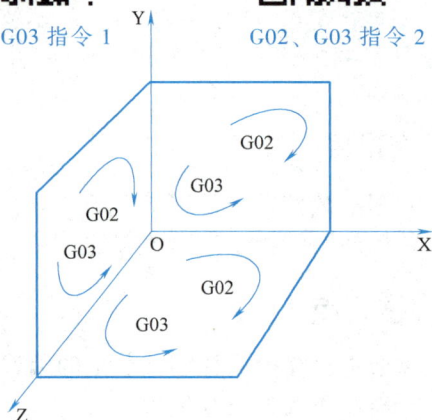

图 2-19　坐标系中 G02 与 G03 指令

>> 温馨提示　圆弧编程的两个重点：①圆弧的顺、逆判别；②圆弧角度的判别。

任务分析

根据零件图制订加工工艺，选择合适的刀具和进给方法，运用 G02、G03 等常用指令铣削圆柱体零件，选择合适的刀具对工件进行精加工，并用外径千分尺进行检测。

G02、G03 实际应用

任务实施

1. 加工准备

本任务选用华中系统数控铣床。选择图 2-6 所示的 $\phi60\text{mm}$ 面铣刀（刀片材料为硬质合金）进行粗加工，选择 $\phi10\text{mm}$ 立铣刀（刀片材料为高速钢）进行精加工。切削用量推荐值如下：粗加工时，主轴转速 $n = 1000\text{r/min}$，进给速度 $v_f = 300\text{mm/min}$，背吃刀量 $a_p = 1 \sim 3\text{mm}$；精加工时，主轴转速 $n = 1200\text{r/min}$，进给速度 $v_f = 250\text{mm/min}$，背吃刀量 $a_p = 0.1 \sim 0.5\text{mm}$。

2. 编写加工程序

（1）设计粗加工路线　加工本例工件时，粗加工刀具 $\phi60\text{mm}$ 面铣刀的运动轨迹如图 2-20a 所示（A—B—B'—C）。由于零件 Z 向总切削深度为 6mm，所以采用分层切削的方式进行加工，总背吃刀量取 6mm，分两次加工，每次背吃刀量为 3mm。刀具在加工过程中经过的各基点坐标分别为 A（−55.3，−80）、B（−55.3，0）、B'（−55.3，0）、C（−55.3，80）。

（2）设计精加工路线　加工本例工件时，精加工刀具 $\phi10\text{mm}$ 立铣刀的运动轨迹如图 2-20b 所示（A—B—B'—C）。由于零件 Z 向总切削深度为 6mm，所以采用一刀到底的方式进行加工，总背吃刀量取 6mm，一次加工，背吃刀量为 6mm。刀具在加工过程中经过的各基点

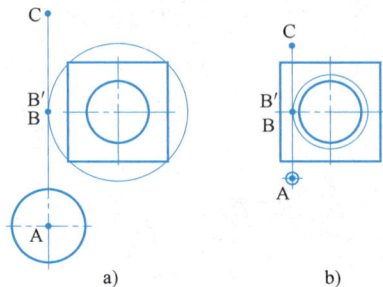

图 2-20　刀具运动轨迹

a）粗加工　b）精加工

坐标分别为 A（-30，-60）、B（-30，0）、B′（-30，0）、C（-30，60）。

（3）编制数控加工程序 圆柱体零件数控铣粗、精加工程序分别见表2-6与表2-7。

表 2-6 圆柱体零件数控铣粗加工程序

刀具	\phi60mm 面铣刀	
程序段号	加工程序	程序说明
	O0022；	程序号
N10	G90 G54 G17 G40 G80 G49；	程序初始化
N20	G00 X-55.3 Y-80；	快速移动到下刀点
N30	G00 Z100；	Z轴安全高度（测量）
N40	M03 S1000 F300；	主轴转速为1000r/min，进给速度为300mm/min
N50	Z10.0；	刀具Z向快速定位
N60	G01 Z-3.0 F50；	第一次运行Z轴切削深度位置，第二次Z轴切削深度程序修改为Z-6.0
N70	X-55.3 Y0；	A→B
N80	G02 I55.3；	B→B′
N90	G01 X-55.3 Y80；	B′→C
N100	G0 Z100；	刀具Z向快速抬刀
N110	M05；	主轴停转
N120	M30；	程序结束

表 2-7 圆柱体零件数控铣精加工程序

刀具	\phi10mm 立铣刀	
程序段号	加工程序	程序说明
	O0023；	程序号
N10	G90 G54 G17 G40 G80 G49；	程序初始化
N20	G00 X-30 Y-60；	快速移动到下刀点
N30	G00 Z100；	Z轴安全高度（测量）
N40	M03 S1200 F300；	主轴转速为1200r/min，进给速度为300mm/min
N50	Z10.0；	刀具Z向快速定位
N60	G01 Z-6.0 F50；	Z轴切削深度位置
N70	X-30 Y0 F250；	A→B
N80	G02 I30；	B→B′
N90	G01 Y60；	B′→C
N100	G0 Z100；	刀具Z向快速抬刀
N110	M05；	主轴停转
N120	M30；	程序结束

3. 数控加工

（1）程序自动运行前的准备 由教师完成刀具和工件的安装，找正安装好的工件，学生观察教师的动作。学生完成程序的输入和编辑工作，校验程序是否正确。

（2）自动运行

1）粗加工程序每次背吃刀量为3mm，总背吃刀量6mm，所以第一次加工完毕之后，在程序中更改Z值，从Z3改到Z6。

2）精加工运行完毕之后进行测量，如果精度未达标，更改A、B、B′点的坐标值。

任务评价

圆柱体零件加工的任务评价见表2-8。

表2-8 圆柱体零件加工的任务评价

项目与权重	序号	技术要求	配分	评分标准	检测记录	得分
加工操作（20%）	1	（φ50±0.05）mm	10	超差0.01mm扣2分		
	2	表面粗糙度值Ra3.2μm	10	超差每处扣4分		
程序与加工工艺（30%）	3	程序格式规范	10	不规范每处扣2分		
	4	程序正确、完整	10	不正确每处扣2分		
	5	工艺合理	5	不合理每处扣1分		
	6	程序参数合理	5	不合理每处扣1分		
机床操作（30%）	7	对刀及坐标系设定	10	不正确每次扣2分		
	8	机床面板操作正确	10	不正确每次扣2分		
	9	手摇操作不出错	5	不正确每次扣2分		
	10	意外情况处理合理	5	不合理每次扣2分		
安全文明生产（20%）	11	安全操作	10	不合格全扣		
	12	机床整理	10	不合格全扣		

知识拓展

公差是指允许尺寸的变动量，等于上极限尺寸与下极限尺寸的代数差的绝对值，也等于上极限偏差与下极限偏差的代数差的绝对值。

几何参数的公差有尺寸公差和几何公差；几何公差又包括形状公差、方向公差、位置公差和跳动公差。

1）尺寸公差。指允许尺寸的变动量，等于上极限尺寸与下极限尺寸代数差的绝对值。

2）形状公差。指单一实际要素的形状所允许的变动全量，包括直线度、平面度、圆度、圆柱度、线轮廓度和面轮廓度六个项目。

3）方向公差。指关联实际要素对基准在方向上允许的变动全量，包括平行度、垂直度和倾斜度三个项目。

4）位置公差。指关联实际要素对基准在位置所允许的变动全量，包括同轴度、对称度和位置度三个项目。

5）跳动公差。指关联实际要素绕基准轴线回转一周或连续回转时所允许的最大跳动量，包括圆跳动和全跳动两个项目。

公差表示了零件的制造精度要求，反映了其加工难易程度。

公差等级分为IT01、IT0、IT1、…、IT18共20级，等级依次降低，公差值依次增大。

IT 表示国际公差。选择公差等级或公差数值的基本原则是：应使机器零件制造成本和使用价值的综合经济效益最好，一般配合尺寸用 IT5～IT13，特别精密零件的配合尺寸用 IT2～IT5，非配合尺寸用 IT12～IT18，原材料配合尺寸用 IT8～IT14。

思考练习

图 2-21 所示零件的毛坯为 80mm×80mm×35mm 的硬铝，试编写该零件上月亮柱体的加工程序。

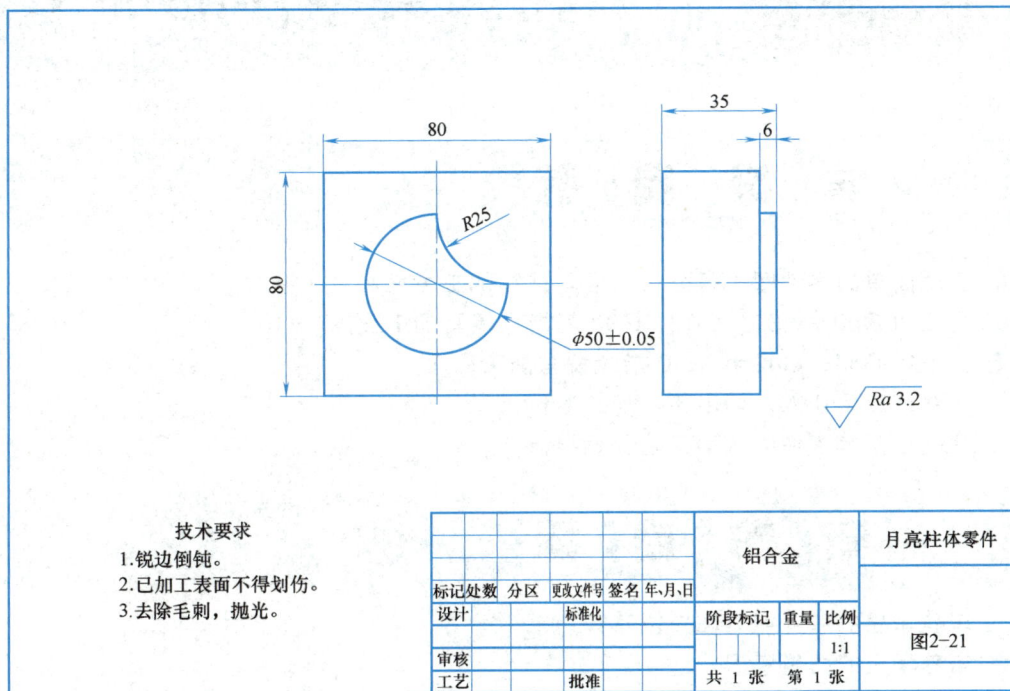

图 2-21　月亮柱体零件

佳句卡片

脚踏实地，行稳致远。

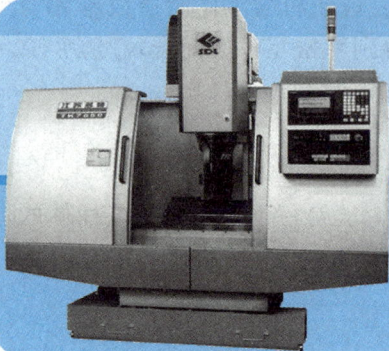

项目三

轮廓类零件的加工

学习目标

- 会对简单的零件图进行分析，合理选择加工方案和加工参数。
- 会应用 G00、G01、G02、G03 等指令编写加工程序。
- 会应用 G41、G42 和 G40 指令编写加工程序。
- 会熟练应用切入、切出技巧加工零件。
- 会制订简单零件的铣削工艺及编程方法。

素养目标

- 培养学生的职业能力和岗位意识。
- 培养学生的质量意识。

引言

通过本项目的学习，使学生具备一定的平面轮廓铣削工艺分析能力，掌握使用 G01、G02、G03 等铣削指令加工平面轮廓的方法；同时，熟练掌握铣削平面轮廓时，机用平口钳的装夹与找正，进、退刀路线的确定及刀具补偿精度的修改等加工知识。

任务一　直线轮廓的加工

知识点

- 理解 G00、G01 指令的含义。
- 会分析简单零件轮廓的加工工艺。
- 理解 G41、G42 和 G40 指令的含义。

技能点

- 会进行数控机床模拟刀路。

➢ 会进行直线轮廓的编程加工。

➢ 会应用刀具补偿指令进行轨迹偏置。

任务描述

图 3-1 所示零件的毛坯为 100mm×100mm×30mm 的硬铝，试根据所学知识编写 90mm× 90mm×8mm 台阶的加工程序并进行加工。

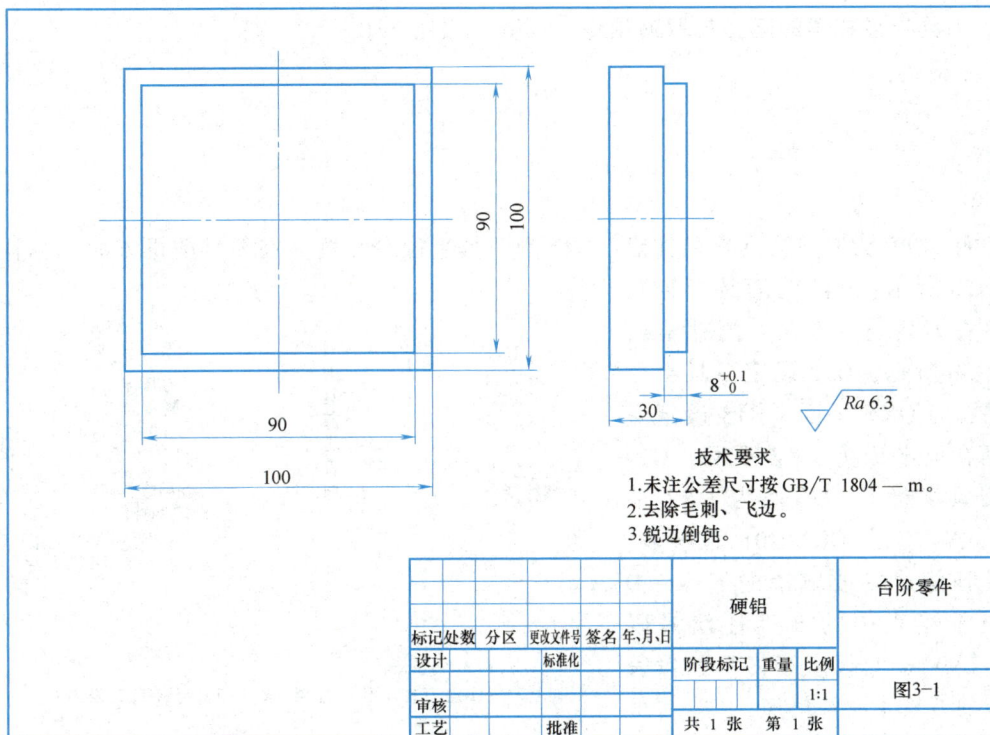

技术要求

1. 未注公差尺寸按 GB/T 1804 — m。
2. 去除毛刺、飞边。
3. 锐边倒钝。

标记	处数	分区	更改文件号	签名	年、月、日	硬铝		台阶零件
设计			标准化			阶段标记	重量	比例
								1:1
审核								图3-1
工艺			批准			共 1 张	第 1 张	

图 3-1　台阶零件

知识链接

1. 快速定位指令（G00）

快速定位是指刀具从当前位置快速移动到切削开始前的位置或者在切削完成之后快速离开工件。G00 指令只能在刀具非加工状态时使用，即空行程，绝对不能在切削时使用。进给速度由机床本身设置。

指令格式：G00 X＿ Y＿ Z＿；

说明：X、Y、Z 为目标点的坐标值。

例：在图 3-2 中，刀具从 A 点快速移动到 B 点的程序如下：

G90 G00 X60 Y50；

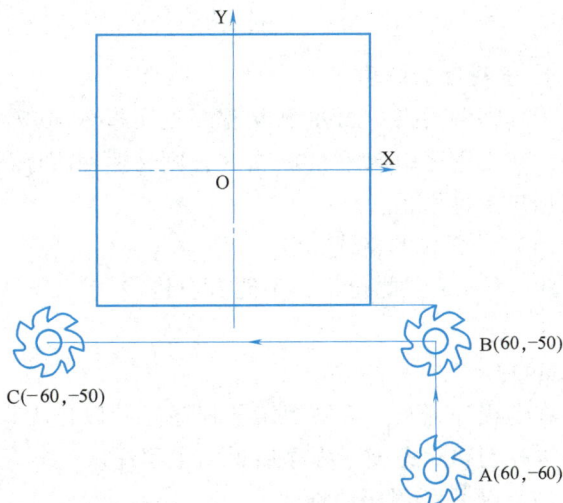

图 3-2　铣削轨迹

2. 线性进给指令（G01）

G01 是直线插补指令，表示从当前位置以设定的速度 F 沿直线切削到指定的位置。

指令格式：G01 X ＿ Y ＿ F ＿；

说明：G01 是模态指令，可由 G00、G02、G03 或 G34 指令注销。

例：在图 3-2 中，刀具从 B 点移动到 C 点的程序如下。

G90 G01 X-60 Y-50 F150；

3. 刀具半径补偿的建立与取消指令（G40、G41、G42）

指令格式：

G01（G17/G18/G19）G41/G42 X ＿ Y ＿ Z ＿ D ＿；

⋮

G40；

说明：G40 为取消刀具半径补偿；G41 为刀具半径左补偿（在刀具前进方向左侧补偿），如图 3-3a 所示；G42 为刀具半径右补偿（在刀具前进方向右侧补偿），如图 3-3b 所示；G17 设定刀具半径补偿平面为 OXY 平面；G18 设定刀具半径补偿平面为 OXZ 平面；G19 设定刀具半径补偿平面为 OYZ 平面；X、Y、Z 为 G00/G01 的参数，即刀具补偿建立或取消的终点；D 为刀具补偿表中的刀具补偿号码（D00~D99），它代表了刀具补偿表中对应的刀具半径补偿值。

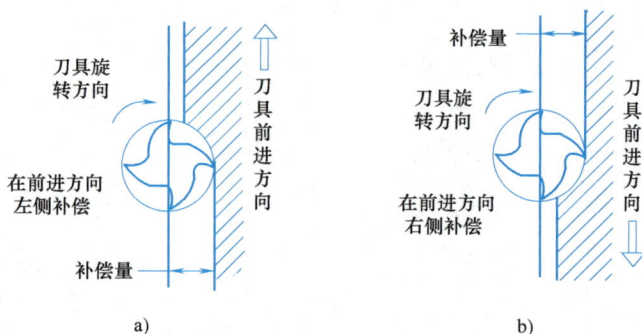

图 3-3　刀具补偿方向

a）刀具半径左补偿　b）刀具半径右补偿

>> **温馨提示**

1）刀具半径补偿平面的切换必须在补偿取消方式下进行。

2）刀具半径补偿的建立与取消只能用 G00 或 G01 指令，不得用 G02 或 G03 指令。

4. 子程序的调用

子程序调用指令 M98 及从程序返回指令 M99：在子程序中调用 M99 指令使控制返回主程序；在主程序中调用 M99 指令，则又返回程序的开头继续执行，且会一直反复执行下去，直到用户干预为止。

（1）子程序的格式

O＊＊＊＊；此行开头不能有空格

⋮

M99；

在子程序开头，必须规定子程序号，以作为调用入口地址。在子程序的结尾用 M99 指令，以控制执行完该子程序后返回主程序。

（2）调用子程序的格式

M98　P ＿ L ＿；

说明：P 为被调用的子程序号，L 为重复调用次数。

注：可以带参数调用子程序，子程序开头不能有空格。

任务分析

图 3-1 所示的台阶零件，其零件材料为铝件，毛坯尺寸为 100mm×100mm×30mm，运用所学的直线插补指令、刀具补偿指令编写加工程序，加工出 90mm×90mm×8mm 的台阶并保证加工精度。

任务实施

1. 加工准备

本任务选用华中系统数控铣床。使用的工、量、刀具见表 3-1。

表 3-1 工、量、刀具

种类	序号	名称	规格/mm	分度值/mm	数量	单位
工具	1	机用平口钳			1	个
	2	六角扳手			1	个
	3	平行垫块			1	副
	4	橡胶锤			1	个
量具	5	钢直尺	0~150		1	把
	6	游标卡尺	0~150	0.02	1	把
	7	外径千分尺	75~100	0.01	1	套
刀具	8	三刃立铣刀	φ12		1	把

2. 编制数控加工程序

100mm×100mm 上表面数控铣加工程序见表 3-2。

表 3-2 100mm×100mm 上表面数控铣加工程序

程序段号	程序内容	程序说明
	O0001；	程序号
N10	G90 G54 G0 X60 Y-50 S1000 M03；	
N20	Z5 M07；	
N30	G01 G95 Z-1 F50；	
N40	M98 P02 L5；	调用子程序
N50	G0 Z100；	
N60	M05；	
N70	M09；	
N80	M30；	
	O0002；	子程序。华中系统主程序和子程序可放在一个程序名中
N10	G91 G01 X-120 F300；	启用相对坐标
N20	Y10；	
N30	X120；	
N40	Y10；	
N50	M99；	返回主程序

90mm×90mm×8mm 台阶切入方式及实体造型如图 3-4 所示，其数控铣加工程序见表 3-3。

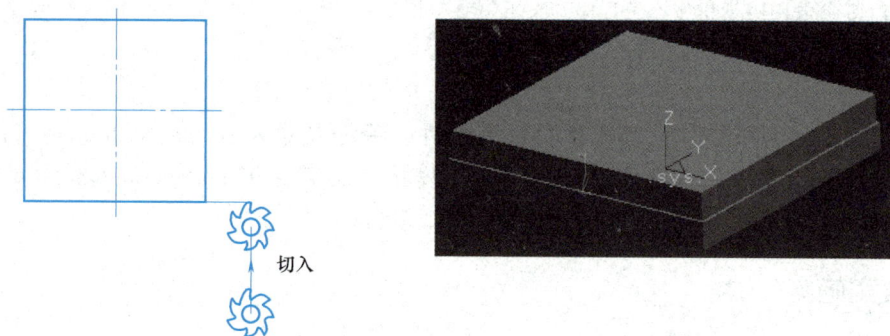

切入

图 3-4　90mm×90mm×8mm 台阶切入方式及实体造型

表 3-3　90mm×90mm×8mm 台阶数控铣加工程序

程序段号	程序内容	程序说明
	O0003；	程序号
N10	G90 G54 G0 X60 Y-60 S1000 M03；	定位点，主轴正转，程序开始
N20	Z5 M07；	
N30	G01 G95 Z-9 F50；	确定切削深度（根据实际情况可分层加工，平面铣削 1mm）
N40	G01 G41 Y-450 D01 F300；	建立刀具半径补偿
N50	X-45；	定位加工点
N60	Y45；	
N70	X45；	
N80	Y-60；	
N90	G01 G40 X60；	取消刀具半径补偿
N100	G0 Z100；	刀具 Z 向快速抬刀
N110	M05；	主轴停转
N120	M09；	切削液关
N130	M30；	程序结束

3. 数控加工

（1）零件加工前的准备　学生安装好教师配发的刀具和工件，并找正安装好的工件，完成程序的输入和编辑工作，采用机床锁住、空运行和图形显示功能进行程序校验。

（2）自动运行　自动运行的操作步骤如下：

1）按"F1"键，调用刚才输入的程序 O0001。

2）按"程序校验"键进行模拟轨迹仿真。

3）按"自动"键，再按"循环启动"键，加工零件。

程序校验

>> **温馨提示**　在首件自动运行加工时，操作者通常是一手放在"循环启动"键上，另一手放在"循环停止"键上，眼睛时刻观察刀具运行轨迹和加工程序，加工过程中保持机床门关闭，以保证加工安全。

任务评价

台阶零件加工的任务评价见表 3-4。

表 3-4　台阶零件加工的任务评价

项目与权重	序号	技术要求	配分	评分标准	检测记录	得分
机床操作 （20%）	1	对刀及坐标系设定	5	不正确每次扣2分		
	2	机床面板操作正确	5	不正确每次扣1分		
	3	手摇操作熟练	5	不正确每次扣1分		
	4	意外情况处理合理	5	不合理每次扣1分		
工艺制订与 程序（30%）	5	工艺合理	5	不合理每处扣2分		
	6	程序格式规范	5	不规范每处扣2分		
	7	程序正确、完整	10	不正确每处扣1分		
	8	程序参数合理	10	不合理每处扣2分		
零件质量 （30%）	9	表面粗糙度值 $Ra6.3\mu m$	10	不正确每处扣2分		
	10	90mm（两处）	10	超差0.01mm扣2分		
	11	$8^{+0.1}_{0}$ mm	10	超差0.01mm扣2分		
安全文明 生产（20%）	12	安全操作	10	不合格全扣		
	13	机床整理	10	不合格全扣		

思考练习

图 3-5 所示零件的毛坯为 100mm×100mm×30mm 的硬铝，试编写该零件上两层菱形台阶的加工程序。

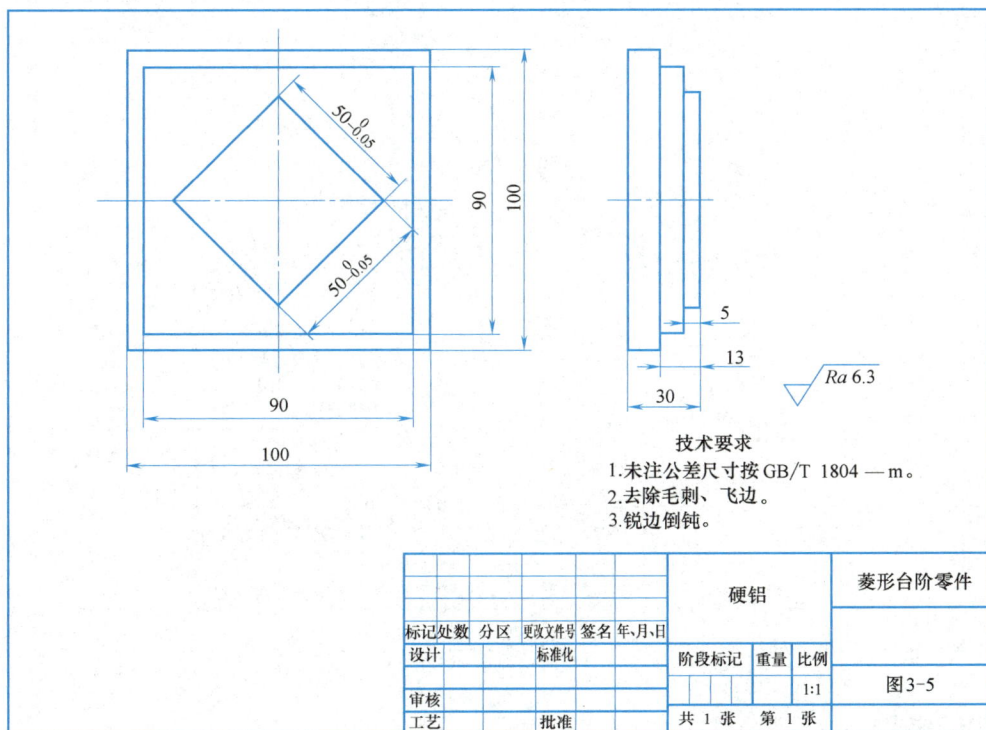

图 3-5　菱形台阶零件图

佳句卡片

尽心尽力、尽职尽责，缔造总装不朽传奇。

任务二　圆弧轮廓的加工

知识点

➤ 理解 G02、G03 指令的含义。
➤ 会分析圆弧轮廓的加工工艺。

技能点

➤ 会根据图样要求，编写圆弧轮廓数控加工程序。
➤ 会应用刀具切入、切出技巧。

任务描述

图 3-6 所示八卦零件的毛坯为 φ100mm×25mm 的硬铝，试根据所学知识编写该零件的加工程序并进行加工。

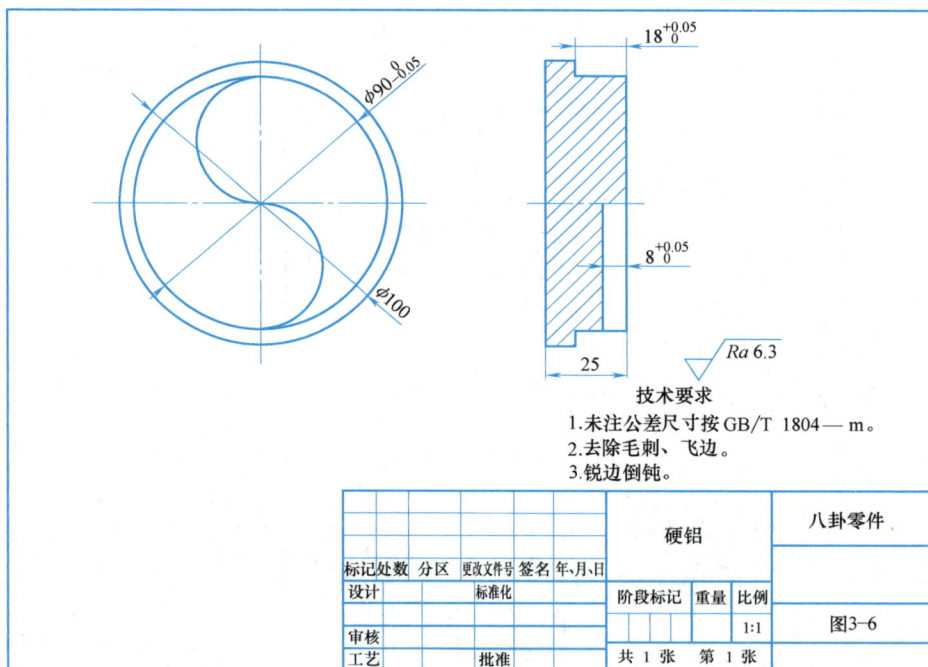

图 3-6　八卦零件图

知识链接

1. 圆弧进给指令（G02/G03）

G02/G03 为圆弧插补指令，指令格式：

G17/G18/G19 G02/G03 X __ Y __ R __ F __;
G17/G18/G19 G02/G03 I __ J __ F __;

其中，

G02：顺时针圆弧插补（图 3-7）。

G03：逆时针圆弧插补（图 3-7）。

R：当 R 弧大于半个圆弧时取负值。

G17：OXY 平面的圆弧。

G18：OZX 平面的圆弧。

G19：OYZ 平面的圆弧。

X、Y、Z：G90 时为圆弧终点在工件坐标系中的坐标；G91 时为圆弧终点相对于圆弧起点的位移量。

I、J、K：圆心相对于圆弧起点的有向距离（图 3-8）。无论绝对编程还是增量编程，都以增量方式指定；整圆编程时，不可以使用 R，只能用 I、J。

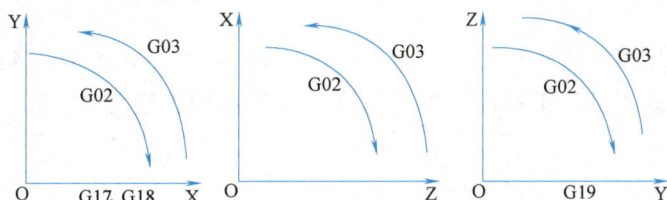

图 3-7　不同平面 G02、G03 指令的选择

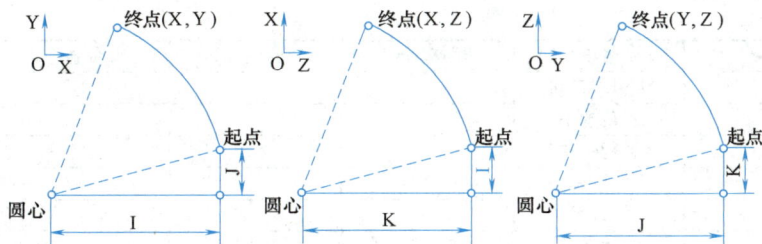

图 3-8　I、J、K 的选择

F：被编程的两个轴的合成进给速度。

2. 切入、切出技巧

（1）直线切入、切出　一般用于切入、切出时不直接接触加工工件表面，切入、切出点在直线轮廓处（图 3-9）。当切入、切出直接接触工件时，为保证加工质量，不留进刀痕迹，一般采用圆弧切入、切出。

（2）圆弧切入、切出　一般用于切入、切出时接触工件表面以及切入处为弧面时。圆弧切入、切出如图 3-10 所示。

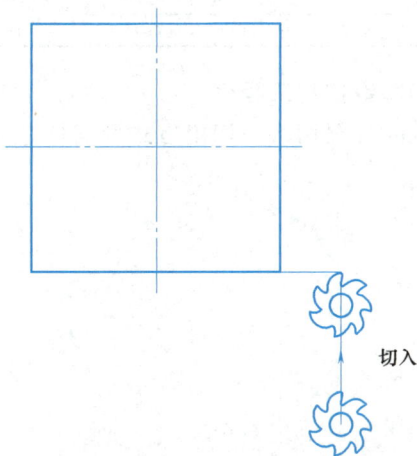

图 3-9　直线切入

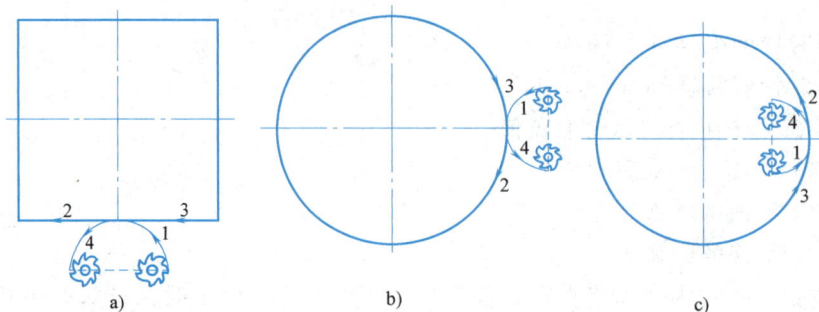

图 3-10　圆弧切入、切出

a）直线轮廓　b）外圆弧轮廓　c）内圆弧轮廓

任务分析

图 3-6 所示八卦零件的材料为硬铝，毛坯尺寸为 $\phi100mm\times25mm$，运用所学的切入、切出技巧和圆弧指令编写其加工程序，加工出零件并保证加工精度。

任务实施

1. 加工准备

本任务选用华中系统数控铣床。需使用的工、量、刀具见表 3-5。

表 3-5　工、量、刀具

种类	序号	名称	规格/mm	分度值/mm	数量	单位
工具	1	机用平口钳			1	个
	2	六角扳手			1	个
	3	平行垫块			1	副
	4	橡胶锤			1	个
量具	5	钢直尺	0~150		1	把
	6	游标卡尺	0~150	0.02	1	把
	7	外径千分尺	75~100	0.01	1	把
	8	深度千分尺	0~25	0.01	1	把
刀具	9	三刃立铣刀	$\phi12$		1	把

2. 编制数控加工程序

$\phi90mm$ 外圆切入、切出方式及实体造型如图 3-11 所示，其加工程序见表 3-6。

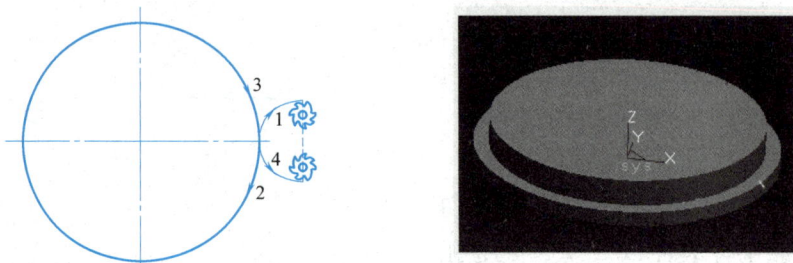

图 3-11　$\phi90mm$ 外圆切入、切出方式及实体造型

表 3-6　φ90mm 外圆加工程序

程序段号	程序内容	程序说明
	O0001；	程序号
N10	G90 G54 G0 X55 Y0 S1000 M03；	
N20	Z5 M07；	
N30	G01 G95 Z-5 F50；	确定加工深度（根据实际可分层加工到18mm深）
N40	G01 G41 X55 Y10 D01 F300；	建立刀具半径补偿
N50	G03 X45 Y0 R10；	圆弧切入
N60	G02 I-45；	加工整圆轮廓
N70	G03 X55 Y-10 R10；	圆弧切出
N80	G01 G40 X55 Y0；	取消刀具半径补偿
N90	G0 Z100；	
N100	M05；	主轴停转
N110	M09；	切削液关
N120	M30；	程序结束

八卦圆弧轮廓切入、切出方式及实体造型如图 3-12 所示，其加工程序见表 3-7。

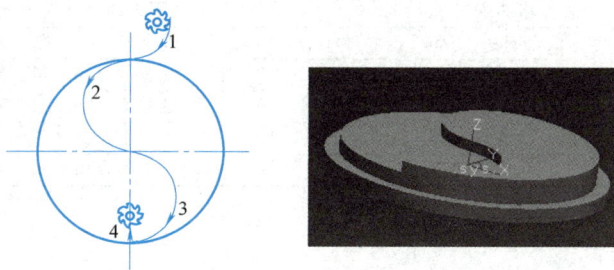

图 3-12　八卦圆弧轮廓切入、切出方式及实体造型

表 3-7　八卦圆弧轮廓加工程序

程序段号	程序内容	程序说明
	O0002；	程序号
N10	G90 G54 G0 X0 Y55 S1000 M03；	定位点，主轴正转，程序开始
N20	Z5 M07；	
N30	G01 G95 Z-5 F50；	确定加工深度（根据实际可分层加工到8mm深）
N40	G01 G41 X10 Y55 D01 F300；	建立刀具半径补偿
N50	G02 X0 Y45 R10；	圆弧切入（图3-12）
N60	G03 X0 Y0 R22.5；	加工八卦圆弧
N70	G02 X0 Y-45 R22.5；	
N80	G01 G40 Y-35；	取消刀具半径补偿
N90	G0 Z100；	刀具Z向快速抬刀
N100	M05；	主轴停转
N110	M09；	切削液关
N120	M30；	程序结束

3. 数控加工

（1）零件加工前的准备　教师配发刀具和工件，学生安装并找正工件，完成程序的输入和编辑工作，采用机床锁住、空运行和图形显示功能进行程序校验。

（2）自动运行　自动运行操作的步骤如下：

1）按"F1"键，调用刚才输入的程序 O0001 和 O0002。

2）按"程序校验"键进行模拟轨迹仿真。

3）按"自动"键，再按"循环启动"键，加工零件。

任务评价

八卦零件加工任务评价见表 3-8。

表 3-8　八卦零件加工任务评价

项目与权重	序号	技术要求	配分	评分标准	检测记录	得分
机床操作（20%）	1	对刀及坐标系设定	5	不正确每次扣2分		
	2	机床面板操作正确	5	不正确每次扣1分		
	3	手摇操作熟练	5	不正确每次扣1分		
	4	意外情况处理合理	5	不合理每次扣1分		
工艺制订与程序（20%）	5	工艺合理	5	不合理每处扣2分		
	6	程序格式规范	5	不规范每处扣2分		
	7	程序正确、完整	5	不正确每处扣1分		
	8	程序参数合理	5	不合理每处扣2分		
零件质量（40%）	9	表面粗糙度值 $Ra6.3\mu m$	10	不正确每处扣2分		
	10	$\phi90_{-0.05}^{0}$ mm	10	超差0.01mm扣2分		
	11	$18_{0}^{+0.05}$ mm	10	超差0.01mm扣2分		
	12	$8_{0}^{+0.05}$ mm	10	超差0.01mm扣2分		
安全文明生产（20%）	13	安全操作	10	不合格全扣		
	14	机床整理	10	不合格全扣		

思考练习

图 3-13 所示零件的毛坯为 100mm×100mm×40mm 的硬铝，试编写该零件的加工程序。

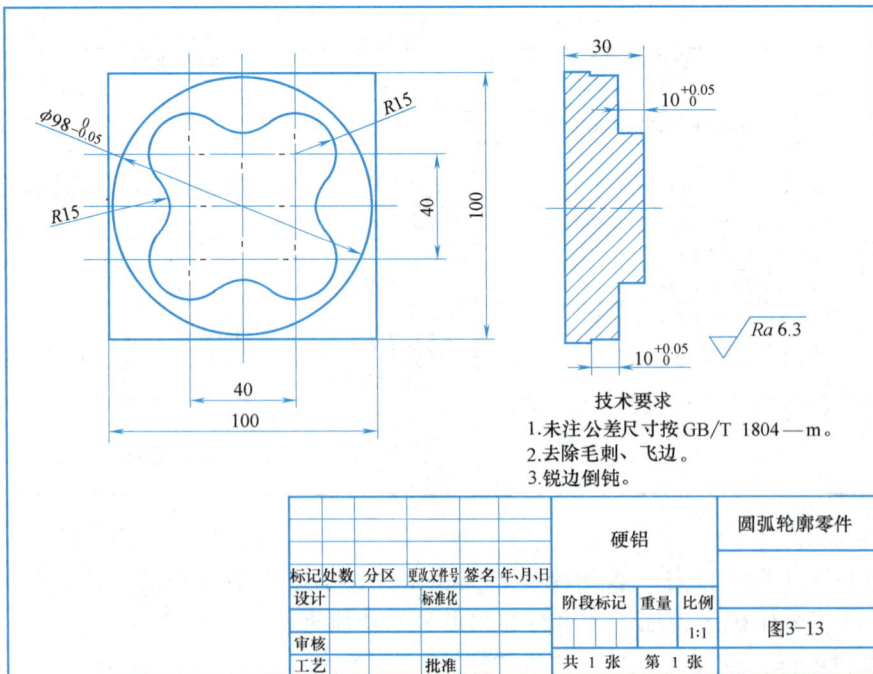

图 3-13　圆弧轮廓零件图

任务三　　外轮廓的加工

知识点

➤ 能应用刀具半径补偿指令和顺、逆铣指令编程。

➤ 会合理选择外轮廓的加工参数。

➤ 会应用所学编程指令编写外轮廓的数控加工程序。

技能点

➤ 能应用刀具半径补偿指令进行顺、逆铣程序的编写。

➤ 会合理选择外轮廓加工中的刀具切入、切出方式。

任务描述

图 3-14 所示风叶外轮廓零件的毛坯为 100mm×100mm×30mm 的硬铝，试根据所学知识编写加工程序并进行加工。

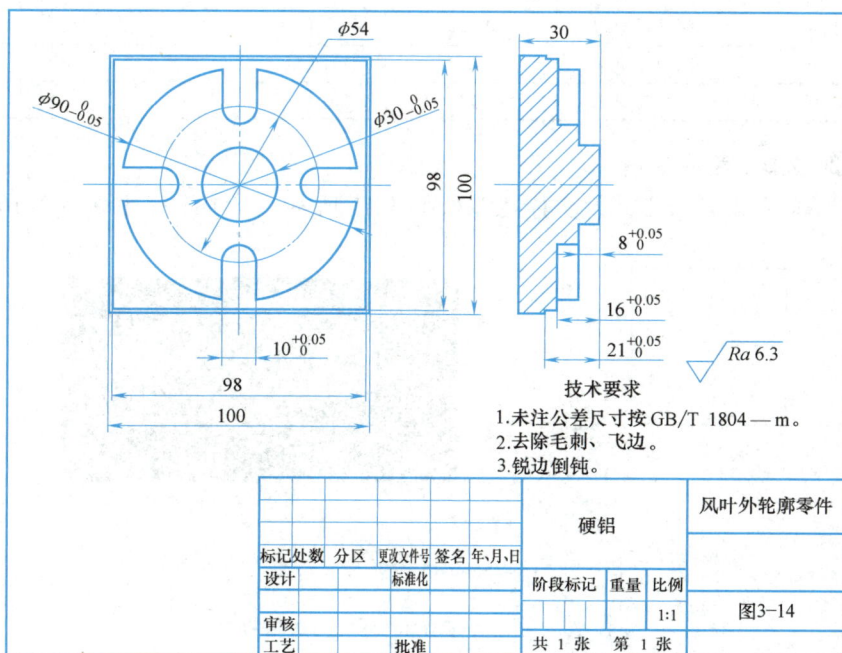

图 3-14　风叶外轮廓零件图

知识链接

外轮廓加工的原则：

1）由上到下加工。

2）由大轮廓到小轮廓加工。

任务分析

图 3-14 所示风叶外轮廓零件的材料为硬铝，毛坯尺寸为 100mm×100mm×30mm，运用所学知识编写其加工程序，加工出零件并保证加工精度。

任务实施

1. 加工准备

本任务选用华中系统数控铣床。需使用的工、量、刀具见表 3-9。

表 3-9　工、量、刀具

种类	序号	名称	规格/mm	分度值/mm	数量	单位
工具	1	机用平口钳			1	个
	2	六角扳手			1	个
	3	平行垫块			1	副
	4	橡胶锤			1	个
量具	5	钢直尺	0~150		1	把
	6	游标卡尺	0~150	0.02	1	把
	7	外径千分尺	75~100	0.01	1	把
	8	深度千分尺	0~25	0.01	1	把
刀具	9	三刃立铣刀	φ12		1	把
	10	三刃立铣刀	φ8		1	把

2. 编制数控加工程序

98mm×98mm 台阶切入方式及实体造型如图 3-15 所示，其加工程序见表 3-10。

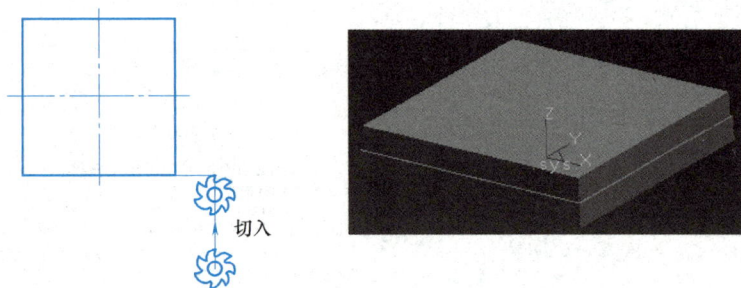

图 3-15　98mm×98mm 台阶切入方式及实体造型

表 3-10　98mm×98mm 台阶的加工程序

程序段号	程序内容	程序说明
	O0001;	程序号
N10	G90 G54 G0 X60 Y-60 S1000 M03;	定位点，主轴正转，程序开始
N20	Z5 M07;	
N30	G01 G95 Z-21 F50;	确定加工深度（根据实际可分层加工）

（续）

程序段号	程序内容	程序说明
N40	G01 G41 Y−49 D01 F300；	建立刀具半径补偿
N50	X−49；	定位加工点
N60	Y49；	
N70	X49；	
N80	Y−60；	
N90	G01 G40 X60；	取消刀具半径补偿
N100	G0 Z100；	刀具 Z 向快速抬刀
N110	M05；	主轴停转
N120	M09；	切削液关
N130	M30；	程序结束

　　圆柱外轮廓切入、切出方式及实体造型如图 3-16 所示，其加工程序见表 3-11 与表 3-12。

图 3-16　圆柱外轮廓切入、切出方式及实体造型

表 3-11　φ90mm 圆柱的加工程序

程序段号	程序内容	程序说明
	O0002；	程序号
N10	G90 G54 G0 X60 Y0 S1000 M03；	定位点，主轴正转，程序开始
N20	Z5 M07；	
N30	G01 G95 Z−16 F50；	确定切削深度（根据实际可分层加工）
N40	G01 X55 Y0 F300；	
N50	G01 G41 X55 Y10 D01；	建立刀具半径补偿
N60	G03 X45 Y0 R10；	
N70	G02 I−45；	
N80	G03 X55 Y−10 R10；	
N90	G01 G40 X55 Y0；	取消刀具半径补偿
N100	G0 Z100；	刀具 Z 向快速抬刀
N110	M05；	主轴停转
N120	M09；	切削液关
N130	M30；	程序结束

表 3-12 φ30mm 圆柱的加工程序

程序段号	程序内容	程序说明
	O0003；	程序号
N10	G90 G54 G0 X25 Y0 S1000 M03；	定位点，主轴正转，程序开始
N20	Z5 M07；	
N30	G01 G95 Z-8 F50；	确定切削深度（根据实际可分层加工）
N40	G01 G41 X25 Y10 D01 F300；	建立刀具半径补偿
N50	G03 X15 Y0 R10；	
N60	G02 I-15；	
N70	G03 X25 Y-10 R10；	
N80	G01 G40 X25 Y0；	取消刀具半径补偿
N90	G0 Z100；	刀具 Z 向快速抬刀
N100	M05；	主轴停转
N110	M09；	切削液关
N120	M30；	程序结束

风叶槽切入方式及实体造型如图 3-17 所示，其加工程序见表 3-13 与表 3-14。

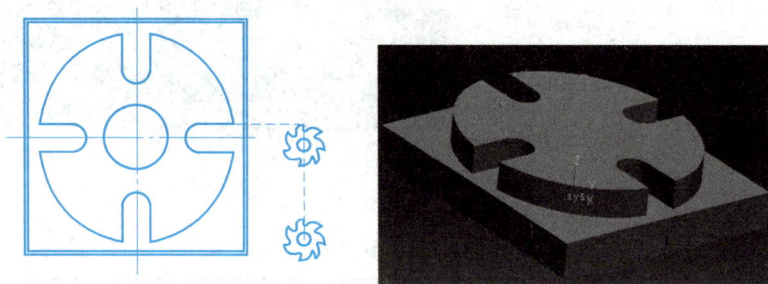

图 3-17 风叶槽切入方式及实体造型

表 3-13 第一个风叶槽的加工程序

程序段号	程序内容	程序说明
	O0004；	程序号
N10	G90 G54 G0 X55 Y-10 S1000 M03；	定位点，主轴正转，程序开始
N20	Z5 M07；	
N30	G01 G95 Z-16 F50；	确定切削深度（根据实际可分层加工）
N40	G01 G41 X55 Y0 D01 F300；	建立刀具半径补偿
N50	G01 X30 Y6.5；	
N60	G03 X30 Y-6.5 R5；	
N70	G01 X55 Y-6.5；	
N80	G01 G40 Y-10；	取消刀具半径补偿
N90	G0 Z100；	刀具 Z 向快速抬刀
N100	M05；	主轴停转
N110	M09；	切削液关
N120	M30；	程序结束

表 3-14　其余三个风叶槽的加工程序

程序段号	程序内容	程序说明
	O0005；	程序号
N10	G90 G54 G0 X0 Y0 S1000 M03；	定位点，主轴正转，程序开始
N20	Z5 M07；	
N30	G68 X0 Y0 P90；	旋转加工其余三个风叶槽（90°、180°、270°）
N40	G01 X55 Y−10 F300；	
N50	G01 G95 Z−16 F50；	确定切削深度（根据实际可分层加工）
N60	G01 G41 X55 Y0 D01 F300；	建立刀具半径补偿
N70	G01 X30 Y6.5；	
N80	G03 X30 Y−6.5 R5；	
N90	G01 X55 Y−6.5；	
N100	G01 G40 Y−10；	取消刀具半径补偿
N110	G69；	取消旋转
N120	G0 Z100；	刀具 Z 向快速抬刀
N130	M05；	主轴停转
N140	M09；	切削液关
N150	M30；	程序结束

3. 数控加工

（1）零件加工前的准备　教师配发刀具和工件，学生安装并找正工件，完成程序的输入和编辑工作，采用机床锁住、空运行和图形显示功能进行程序校验。

（2）自动运行

自动运行操作的步骤如下：

1）按"F1"键，调用刚才输入的程序。

2）按"程序校验"键进行模拟轨迹仿真。

3）按"自动"键，再按"循环启动"键，加工零件。

任务评价

风叶外轮廓零件加工任务评价见表 3-15。

表 3-15　风叶外轮廓零件加工任务评价

项目与权重	序号	技术要求	配分	评分标准	检测记录	得分
机床操作（20%）	1	对刀及坐标系设定	5	不正确每次扣2分		
	2	机床面板操作正确	5	不正确每次扣1分		
	3	手摇操作熟练	5	不正确每次扣1分		
	4	意外情况处理合理	5	不合理每次扣1分		
工艺制订与程序（20%）	5	工艺合理	5	不合理每处扣2分		
	6	程序格式规范	5	不规范每处扣2分		
	7	程序正确、完整	5	不正确每处扣1分		
	8	程序参数合理	5	不合理每处扣2分		

（续）

项目与权重	序号	技术要求	配分	评分标准	检测记录	得分
零件质量（40%）	9	表面粗糙度值 $Ra6.3\mu m$	2	不合格不得分		
	10	$\phi90_{-0.05}^{0}$mm、$\phi30_{-0.05}^{0}$mm	6	超差 0.01mm 每处扣 2 分		
	11	$10_{0}^{+0.05}$mm（四处）	16	超差 0.01mm 每处扣 2 分		
	12	98mm（两处）	4	超差不得分（每处 2 分）		
	13	$8_{0}^{+0.05}$mm、$16_{0}^{+0.05}$mm、$21_{0}^{+0.05}$mm	12	超差 0.01mm 每处扣 2 分		
安全文明生产（20%）	14	安全操作	10	不合格全扣		
	15	机床整理	10	不合格全扣		

思考练习

图 3-18 所示外轮廓零件的毛坯为 100mm×100mm×40mm 的硬铝，试编写该零件的加工程序。

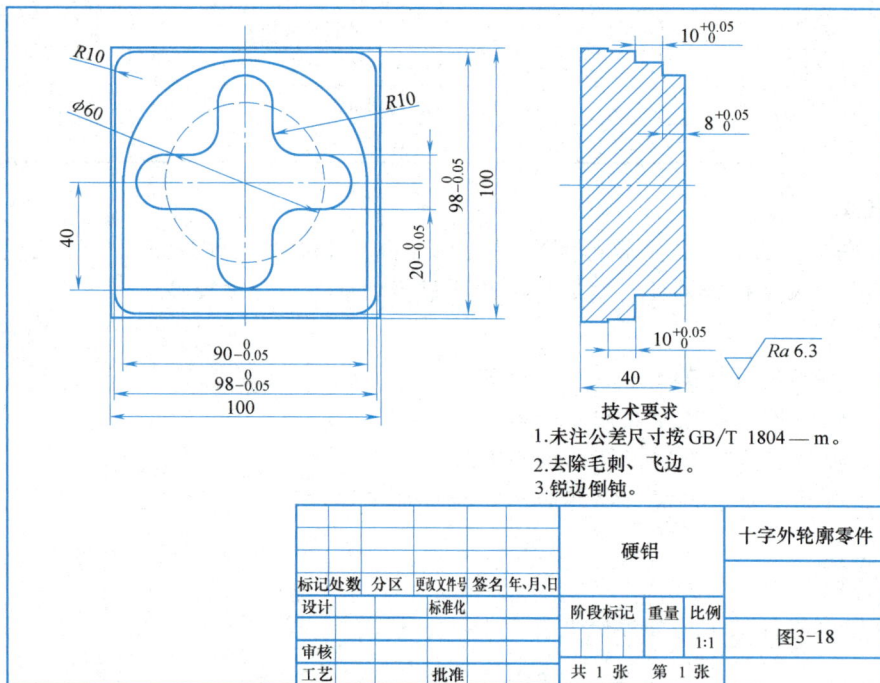

图 3-18 十字外轮廓零件图

佳句卡片

只有挖掘不到的潜力，没有解决不了的问题。

任务四 内轮廓的加工

知识点

➤ 理解内轮廓加工参数的计算方法。

➤ 会应用所学编程指令编写内轮廓的加工程序。

技能点

➤ 会应用程序进行机床轨迹仿真。
➤ 会合理选择内轮廓加工中的刀具切入、切出方式。

任务描述

图 3-19 所示风叶内轮廓零件的毛坯为 100mm×100mm×30mm 的硬铝，试根据所学知识编写加工程序并进行加工。

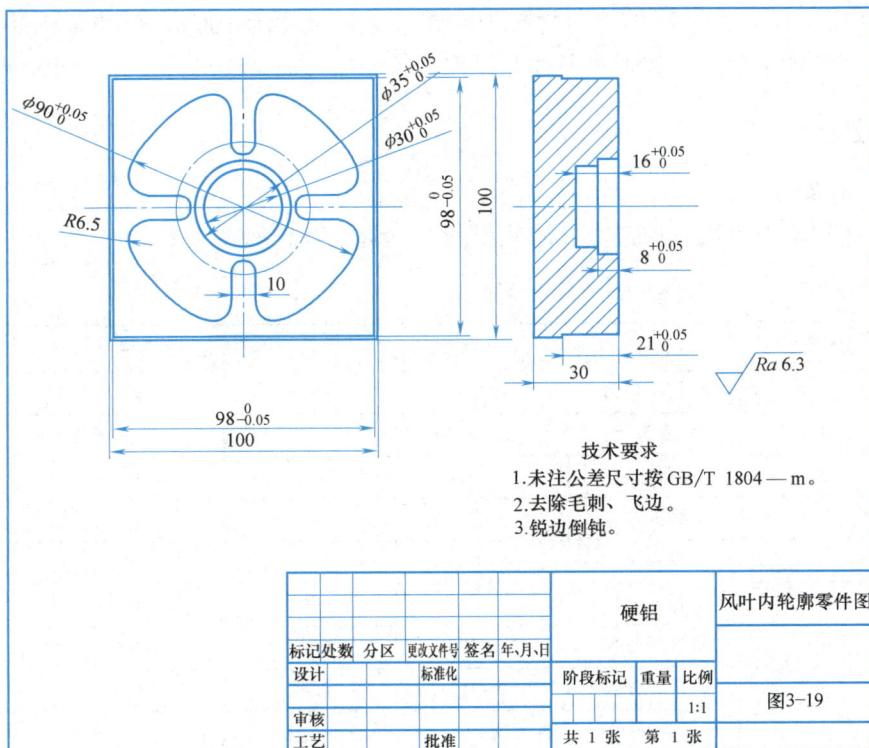

图 3-19 风叶内轮廓零件图

知识链接

加工内轮廓时的下刀方式

(1) **慢速垂直下刀方式** 加工刀具垂直慢速下切到加工深度（图 3-20）。

(2) **螺旋下刀方式** 加工刀具沿螺旋线逐渐下切到加工深度（图 3-21）。

(3) **渐切下刀方式** 加工刀具沿加工轨迹边缘逐渐下切到加工深度（图 3-22）。

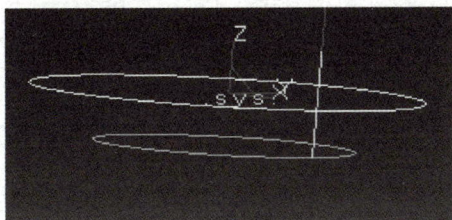

图 3-20 慢速垂直下刀方式

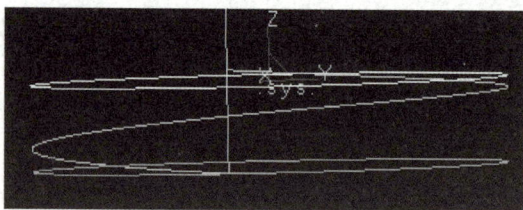

图 3-21 螺旋下刀方式

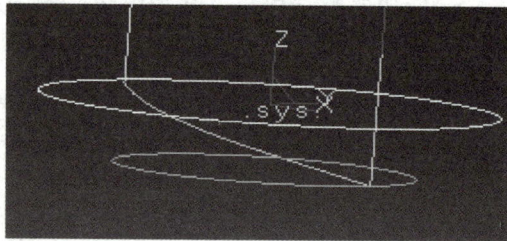

图 3-22 渐切下刀方式

任务分析

图 3-19 所示风叶内轮廓零件的材料为硬铝，毛坯尺寸为 100mm×100mm×30mm，运用所学知识编写其加工程序，加工出零件并保证加工精度。

任务实施

1. 加工准备

本任务选用华中系统数控铣床。需使用的工、量、刀具见表 3-16。

表 3-16 工、量、刀具

种类	序号	名称	规格/mm	分度值/mm	数量	单位
工具	1	机用平口钳			1	个
	2	六角扳手			1	个
	3	平行垫块			1	副
	4	橡胶锤			1	个
量具	5	钢直尺	0~150		1	把
	6	游标卡尺	0~150	0.02	1	把
	7	外径千分尺	75~100	0.01	1	把
	8	深度千分尺	0~25	0.01	1	把
刀具	9	三刃立铣刀	φ12		1	把

2. 编制数控加工程序

98mm×98mm 台阶切入方式及实体造型如图 3-23 所示，其加工程序见表 3-17。

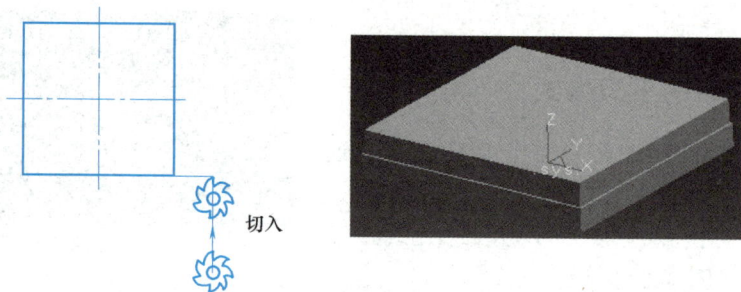

切入

图 3-23 98mm×98mm 台阶切入方式及实体造型

表 3-17　98mm×98mm 台阶的加工程序

程序段号	程序内容	程序说明
	O0001；	程序号
N10	G90 G54 G0 X60 Y-60 S1000 M03；	定位点，主轴正转，程序开始
N20	Z5 M07；	
N30	G01 G95 Z-8 F50；	确定切削深度（根据实际可分层加工）
N40	G01 G41 Y-49 D01 F300；	建立刀具半径补偿
N50	X-49；	定位加工点
N60	Y49；	
N70	X49；	
N80	Y-60；	
N90	G01 G40 X60；	取消刀具半径补偿
N100	G0 Z100；	刀具 Z 向快速抬刀
N110	M05；	主轴停转
N120	M09；	切削液关
N130	M30；	程序结束

圆孔螺旋下刀方式及实体造型如图 3-24 所示，其加工程序见表 3-18。

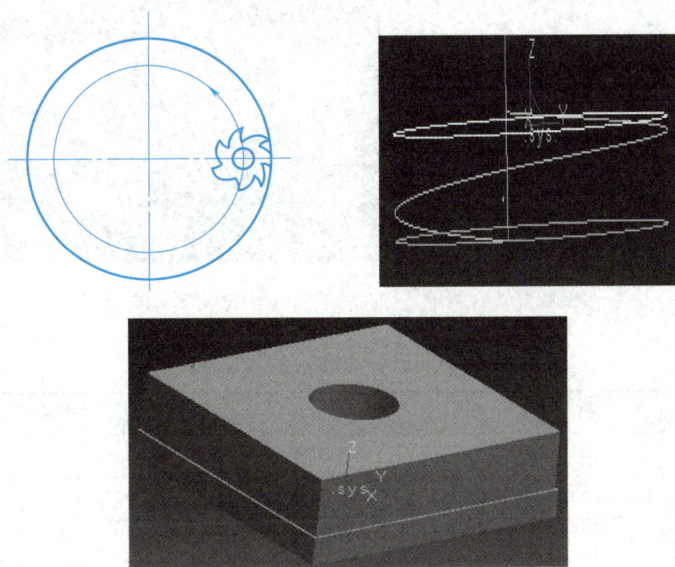

图 3-24　圆孔螺旋下刀方式及实体造型

表 3-18　圆孔加工程序

程序段号	程序内容	程序说明
	O0002；	程序号
N10	G90 G54 G0 X0 Y0 S1000 M03；	定位点，主轴正转，程序开始
N20	Z5 M07；	

（续）

程序段号	程序内容	程序说明
N30	G01 G95 Z1 F50;	孔的安全高度
N40	G01 G41 X15 Y0 D01 F300;	建立刀具半径补偿
N50	G03 I−15 Z−3;	螺旋下刀
N60	I−15 Z−6;	
N70	I−15 Z−9;	
N80	I−15 Z−12;	
N90	I−15 Z−16;	
N100	G03 I−15;	
N110	G01 G40 X0;	取消刀具半径补偿
N120	G0 Z100;	刀具 Z 向快速抬刀
N130	M05;	主轴停转
N140	M09;	切削液关
N150	M30;	程序结束

风叶内轮廓螺旋下刀方式及实体造型如图 3-25 所示，其加工程序见表 3-19。

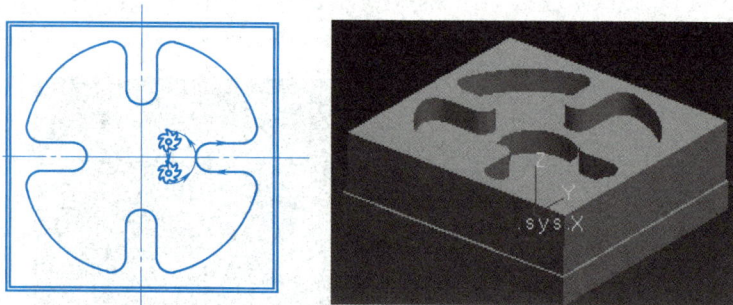

图 3-25　风叶内轮廓螺旋下刀方式及实体造型

表 3-19　风叶内轮廓的加工程序

程序段号	程序内容	程序说明
	O0003;	程序号
N10	G90 G54 G0 X0 Y0 S1000 M03;	定位点，主轴正转，程序开始
N20	Z5 M07;	
N30	G01 G95 Z−8 F50;	
N40	G01 X10 F300;	
N50	G01 G41 X10 Y−10 D01;	螺旋切削到加工深度
N60	G03 X20 Y0 R10;	建立刀具半径补偿
N70	G02 X25 Y5 R5;	铣风叶内轮廓
N80	G01 X36.742 Y5;	
N90	G03 X42.946 Y13.442 R6.5;	

（续）

程序段号	程序内容	程序说明
N100	G03 X13.442 Y42.946 R45;	
N110	G03 X5 Y36.742 R6.5;	
N120	G01 X5 Y25;	
N130	G02 X-5 Y25 R5;	
N140	G01 X-5 Y36.742;	
N150	G03 X-13.442 Y42.946 R6.5;	
N160	G03 X-42.946 Y13.442 R45;	
N170	G03 X-36.742 Y5 R6.5;	
N180	G01 X-25 Y5;	
N190	G02 X-25 Y-5 R5;	
N200	G01 X-36.742 Y-5;	
N210	G03 X-42.946 Y-13.442 R6;	
N220	G03 X-13.442 Y-42.946 R45;	
N230	G03 X-5 Y-36.742 R6.5;	
N240	G01 X-5 Y-25;	
N250	G02 X5 Y-25 R6.5;	
N260	G01 X5 Y-36.742;	
N270	G03 X13.442 Y-42.946 R6.5;	
N280	G03 X42.946 Y-13.442 R45;	
N290	G03 X36.742 Y-5 R6.5;	
N300	G01 X25 Y-5;	
N310	G02 X20 Y0;	
N320	G03 X10 Y10 R10;	
N330	G01 G40 X10 Y0;	取消刀具半径补偿
N340	G0 Z100;	刀具Z向快速抬刀
N350	M05;	主轴停转
N360	M09;	切削液关
N370	M30;	程序结束

3. 数控加工

（1）零件加工前的准备　教师配发刀具和工件，学生安装并找正工件，完成程序的输入和编辑工作，采用机床锁住、空运行和图形显示功能进行程序校验。

（2）自动运行　自动运行操作的步骤如下：

1）按"F1"键，调用刚才输入的程序。

2）按"程序校验"键进行模拟轨迹仿真。

3）按"自动"键，再按"循环启动"键，加工零件。

任务评价

风叶内轮廓零件加工任务评价见表3-20。

表 3-20　风叶内轮廓零件加工任务评价

项目与权重	序号	技术要求	配分	评分标准	检测记录	得分
机床操作（20%）	1	对刀及坐标系设定	5	不正确每次扣2分		
	2	机床面板操作正确	5	不正确每次扣1分		
	3	手摇操作熟练	5	不正确每次扣1分		
	4	意外情况处理合理	5	不合理每次扣1分		
工艺制订与程序（20%）	5	工艺合理	5	不合理每处扣2分		
	6	程序格式规范	5	不规范每处扣2分		
	7	程序正确、完整	5	不正确每次扣1分		
	8	程序参数合理	5	不合理每次扣2分		
零件质量（40%）	9	表面粗糙度值 $Ra6.3\mu m$	2	不合格不得分		
	10	$\phi90^{+0.05}_{0}$ mm、$\phi30^{+0.05}_{0}$ mm、	6	超差0.01mm每处扣2分		
	11	10mm（四处）	16	超差0.01mm每处扣2分		
	12	$R6.5$mm（八处）	4	不合格不得分（每处0.5分）		
	13	$8^{+0.05}_{0}$ mm、$16^{+0.05}_{0}$ mm、$21^{+0.05}_{0}$ mm	12	超差0.01mm每处扣2分		
安全文明生产（20%）	14	安全操作	10	不合格全扣		
	15	机床整理	10	不合格全扣		

思考练习

图 3-26 所示内轮廓零件的毛坯为 100mm×100mm×30mm 的硬铝，试编写该零件的加工程序。

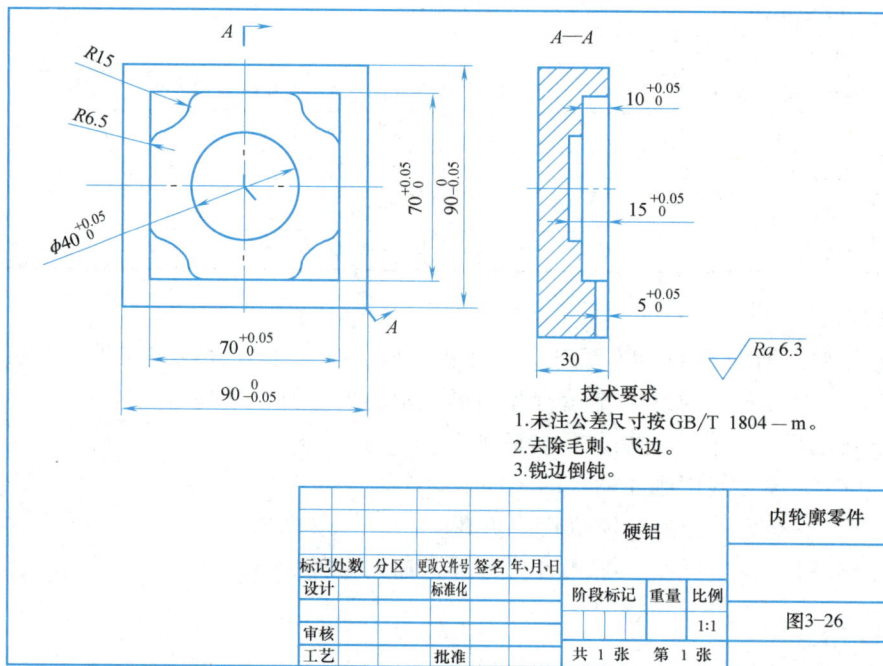

图 3-26　内轮廓零件图

只有挖掘不到的潜力，没有解决不了的问题。

任务五　复合轮廓的加工

知识点

> 理解复合轮廓加工参数的计算方法。
> 会应用所学编程指令编写复合轮廓的加工程序。

技能点

> 会应用指令编写复合轮廓数控加工程序。
> 会合理选择复合轮廓加工中的刀具切入、切出方式。

任务描述

图 3-27 所示复合轮廓零件的毛坯为 100mm×100mm×30mm 的硬铝，试根据所学知识编写加工程序并进行加工。

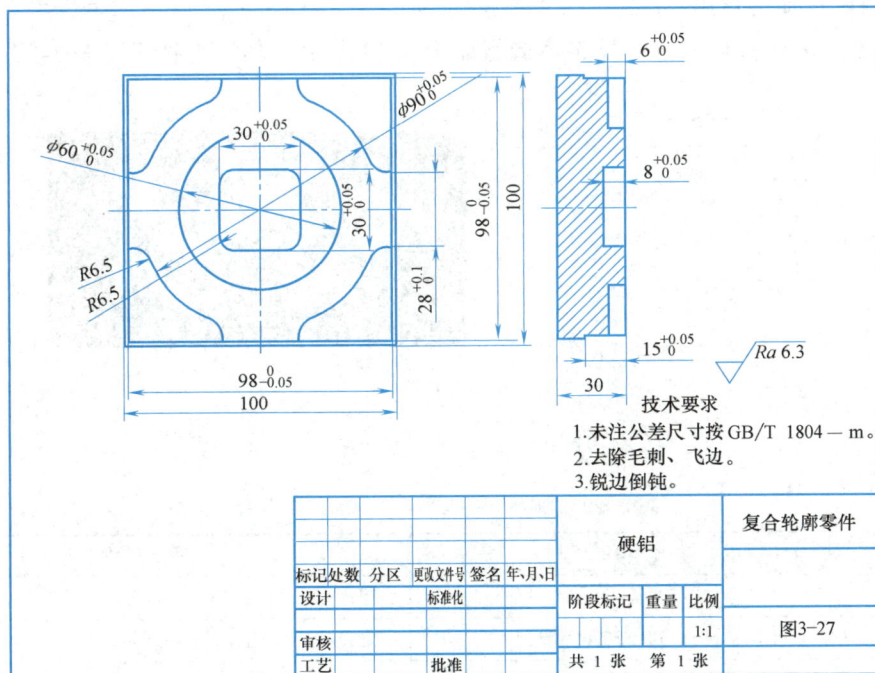

图 3-27　复合轮廓零件图

任务分析

图 3-27 所示零件的材料为铝，毛坯尺寸为 100mm×100mm×30mm，运用所学知识编写

其加工程序，加工出零件并保证加工精度。

任务实施

1. 加工准备

本任务选用华中系统数控铣床。需使用的工、量、刀具见表 3-21。

表 3-21　工、量、刀具

种类	序号	名称	规格/mm	分度值/mm	数量	单位
工具	1	机用平口钳			1	个
	2	六角扳手			1	个
	3	平行垫块			1	副
	4	橡胶锤			1	个
量具	5	钢直尺	0~150		1	把
	6	游标卡尺	0~150	0.02	1	把
	7	外径千分尺	25~50	0.01	1	把
	8	外径千分尺	50~75	0.01	1	把
	9	外径千分尺	75~100	0.01	1	把
	10	深度千分尺	0~25	0.01	1	把
刀具	11	三刃立铣刀	$\phi12$		1	把

2. 编制数控加工程序

98mm×98mm 台阶切入方式及实体造型如图 3-28 所示，其加工程序见表 3-22。

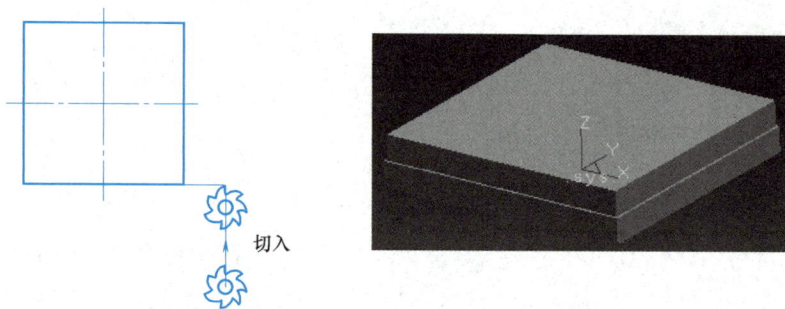

图 3-28　98mm×98mm 台阶切入方式及实体造型

表 3-22　98mm×98mm 台阶的加工程序

程序段号	程序内容	程序说明
	O0001；	程序号
N10	G90 G54 G0 X60 Y-60 S1000 M03；	定位点，主轴正转，程序开始
N20	Z5 M07；	
N30	G01 G95 Z-8 F50；	确定切削深度（根据实际可分层加工）
N40	G01 G41 Y-49 D01 F300；	建立刀具半径补偿
N50	X-49；	定位加工点
N60	Y49；	

（续）

程序段号	程序内容	程序说明
N70	X49;	
N80	Y-60;	
N90	G01 G40 X60;	取消刀具半径补偿
N100	G0 Z100;	刀具Z向快速抬刀
N110	M05;	主轴停转
N120	M09;	切削液关
N130	M30;	程序结束

一个小凸台切入方式及实体造型如图3-29所示，其加工程序见表3-23。

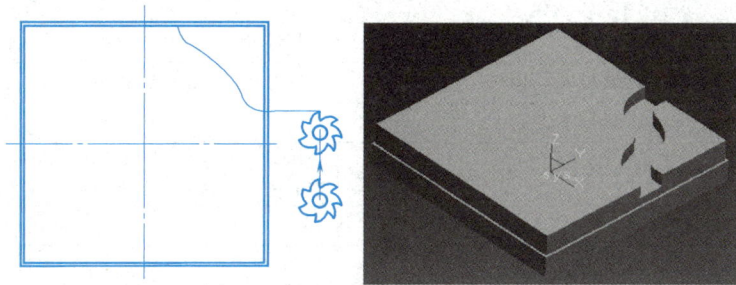

图3-29　一个小凸台切入方式及实体造型

表3-23　一个小凸台切入加工程序

程序段号	程序内容	程序说明
	O0002;	程序号
N10	G90 G54 G0 X0 Y0 S1000 M03;	定位点,主轴正转,程序开始
N20	Z5 M07;	
N30	X60 Y0;	
N40	G01 G95 Z-6 F50;	
N50	G01 G41 X60 Y14 D01 F30;	建立刀具半径补偿
N60	G01 X47.025 Y14;	
N70	G02 X41.066 Y17.902 R6.5;	一个小凸台
N80	G03 X17.902 Y41.066 R45;	
N90	G02 X14 Y47.025 R6.5;	
N100	G01 X14 Y60;	
N110	G01 G40 X30;	取消刀具半径补偿
N120	G0 Z100;	刀具Z向快速抬刀
N130	M05;	主轴停转
N140	M09;	切削液关
N150	M30;	程序结束

其他三个小凸台切入方式及实体造型如图 3-30 所示，其加工程序见表 3-24。

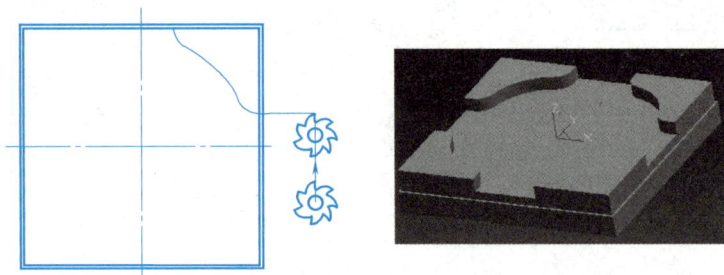

图 3-30 其他三个小凸台切入方式及实体造型

表 3-24 其他三个小凸台的加工程序

程序段号	程序内容	程序说明
	O0003；	程序号
N10	G90 G54 G0 X0 Y0 S1000 M03；	定位点，主轴正转，程序开始
N20	Z5 M07；	
N30	G68 X0 Y0 P90；	第二个小凸台（旋转 90°），依此类推分别选择 180°、270°加工出其余两个小凸台
N40	X60 Y0；	
N50	G01 G95 Z-6 F50；	
N60	G01 G41 X60 Y14 D01 F300；	建立刀具半径补偿
N70	G01 X47.025 Y14；	
N80	G02 X41.066 Y17.902 R6.5；	
N90	G03 X17.902 Y41.066 R45；	
N100	G02 X14 Y47.025 R6.5；	
N110	G01 X14 Y60；	
N120	G01 G40 X30；	取消刀具半径补偿
N130	G69；	取消旋转
N140	G0 Z100；	刀具 Z 向快速抬刀
N150	M05；	主轴停转
N160	M09；	切削液关
N170	M30；	程序结束

$\phi60mm$ 圆柱切入、切出方式及实体造型如图 3-31 所示，其加工程序见表 3-25。

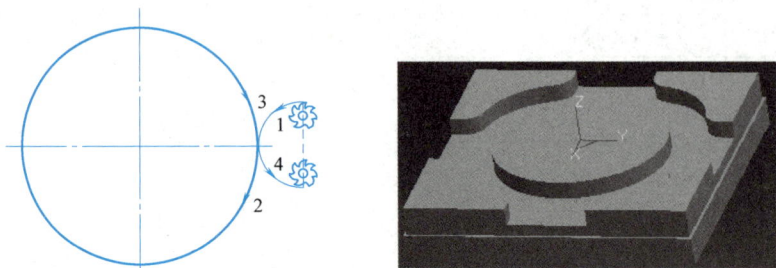

图 3-31 $\phi60mm$ 圆柱的切入、切出方式及实体造型

表 3-25　φ60mm 圆柱的加工程序

程序段号	程序内容	程序说明
	O0004；	程序号
N10	G90 G54 G0 X60 Y0 S1000 M03；	定位点，主轴正转，程序开始
N20	Z5M07；	
N30	G01 G95 Z-6 F50；	确定加工深度
N40	X38 Y0；	
N50	G01 G41 X38 Y8 D01 F300；	建立刀具半径补偿
N60	G02 X30 Y0 R8；	圆弧切入
N70	G02 I-30；	加工圆
N80	G03 X38 Y-8 R8；	
N90	G01 G40 Y0；	取消刀具半径补偿
N100	G0 Z100；	刀具 Z 向快速抬刀
N110	M05；	主轴停转
N120	M09；	切削液关
N130	M30；	程序结束

30mm×30mm 方槽螺旋下刀方式及实体造型如图 3-32 所示，其加工程序见表 3-26。

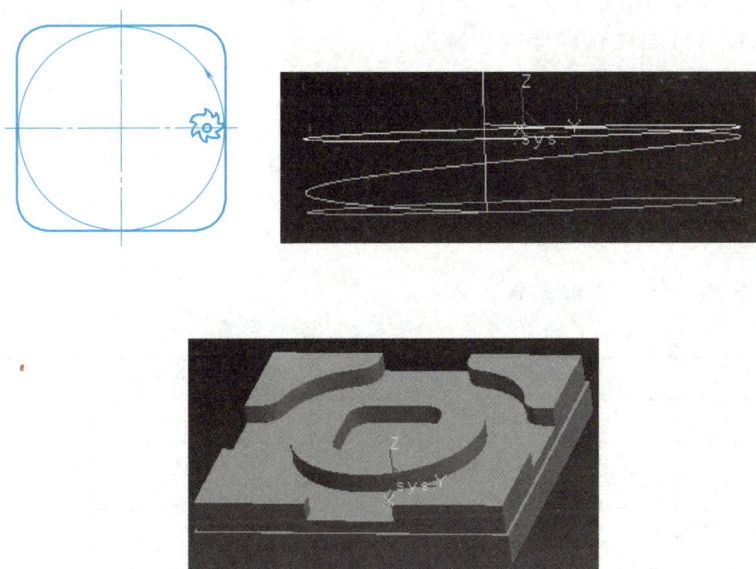

图 3-32　30mm×30mm 方槽螺旋下刀方式及实体造型

表 3-26　30mm×30mm 方槽的加工程序

程序段号	程序内容	程序说明
	O0005；	程序号
N10	G90 G54 G0 X0 Y0 S1000 M03；	定位点，主轴正转，程序开始
N20	Z5 M07；	

（续）

程序段号	程序内容	程序说明
N30	G01 G95 Z1 F50；	螺旋下刀至安全位置
N40	G01 G41 X15 D01 F300；	建立刀具半径补偿
N50	G03 I–15 Z–8；	螺旋切削到加工深度
N60	G01 X15 Y15 R6.5；	铣方槽
N70	G01 X–15 Y15 R6.5；	
N80	G01 X–15 Y–15 R6.5；	
N90	G01 X15 Y–15 R6.5；	
N100	G01 X15 Y0；	
N110	G01 G40 X0；	取消刀具半径补偿
N120	G0 Z100；	刀具 Z 向快速抬刀
N130	M05；	主轴停转
N140	M09；	切削液关
N150	M30；	程序结束

3．数控加工

（1）零件加工前的准备 教师配发刀具和工件，学生安装并找正工件，完成程序的输入和编辑工作，采用机床锁住、空运行和图形显示功能进行程序校验。

（2）自动运行 自动运行操作的步骤如下：

1）按"F1"键，调用刚才输入的程序。

2）按"程序校验"键进行模拟轨迹仿真。

3）按"自动"键，再按"循环启动"键，加工零件。

任务评价

复合轮廓零件加工任务评价见表 3-27。

表 3-27 复合轮廓加工任务评价

项目与权重	序号	技术要求	配分	评分标准	检测记录	得分
机床操作 （20%）	1	对刀及坐标系设定	5	不正确每次扣 2 分		
	2	机床面板操作正确	5	不正确每次扣 1 分		
	3	手摇操作熟练	5	不正确每次扣 1 分		
	4	意外情况处理合理	5	不合理每次扣 1 分		
工艺制订与程序 （20%）	5	工艺合理	5	不合理处扣 2 分		
	6	程序格式规范	5	不规范处扣 2 分		
	7	程序正确、完整	5	不正确处扣 1 分		
	8	程序参数合理	5	不合理处扣 2 分		
零件质量 （40%）	9	表面粗糙度值 $Ra6.3\mu m$	4	不合格不得分		
	10	$\phi 90^{+0.05}_{0}$ mm，$\phi 60^{+0.05}_{0}$ mm	4	超差 0.01mm 每处扣 2 分		
	11	$98^{0}_{-0.05}$ mm（两处）	2			

（续）

项目与权重	序号	技术要求	配分	评分标准	检测记录	得分
零件质量（40%）	12	$28^{+0.1}_{0}$mm（四处）	8	超差0.01mm每处扣2分		
	13	$R6.5$mm（12处）	12	不合格不得分（每处1分）		
	14	$30^{+0.05}_{0}$mm（两处）	4	超差0.01mm每处扣2分		
	15	$6^{+0.05}_{0}$mm、$8^{+0.05}_{0}$mm、$15^{+0.05}_{0}$mm	6	超差0.01mm每处扣2分		
安全文明生产（20%）	16	安全操作	10	不合格全扣		
	17	机床整理	10	不合格全扣		

思考练习

图3-33所示零件的毛坯为100mm×100mm×30mm的硬铝，试编写该零件的加工程序。

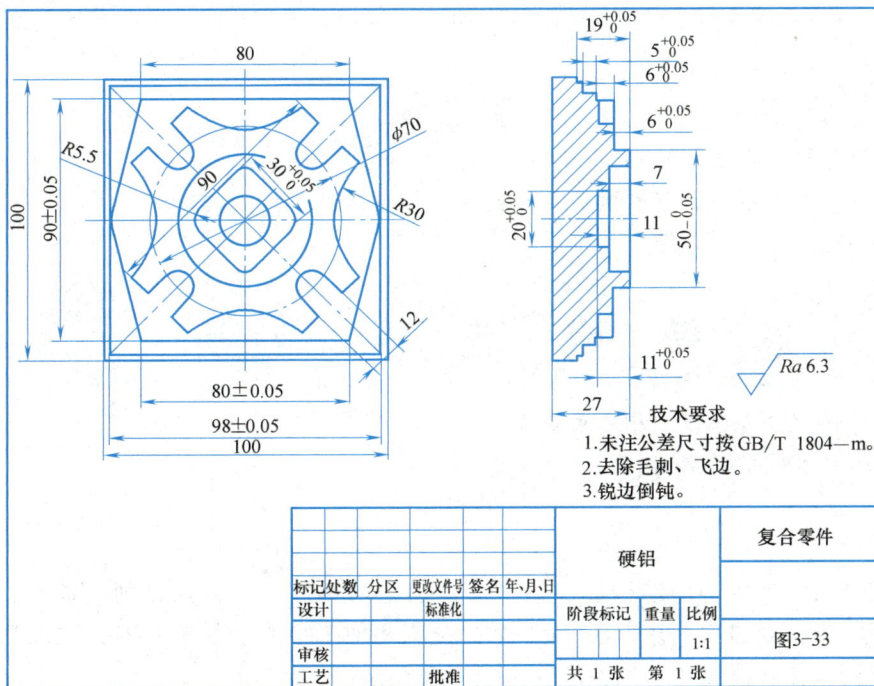

图 3-33　复合零件图

佳句卡片

有今天的苦干，才有明天的幸福。

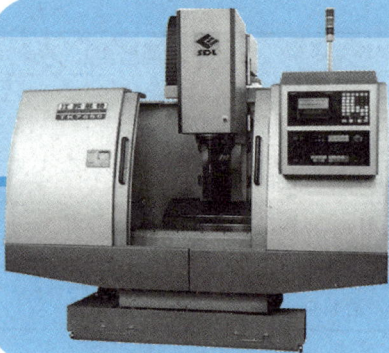

项目四

孔的加工

学 习 目 标

- ➡ 了解孔的类型及加工方法。
- ➡ 了解麻花钻、钻孔工艺及工艺参数的选择。
- ➡ 掌握钻孔加工循环指令。
- ➡ 了解铰刀、铰孔工艺的制订并掌握铰孔编程方法。
- ➡ 掌握螺纹的铣削方法。

素 养 目 标

- ➡ 培养学生的规范意识和质量意识。
- ➡ 培养学生的标准意识。

引言

孔加工是最常见的零件结构加工之一，其工艺内容广泛，包括钻削、扩孔、铰孔、锪孔、攻螺纹、镗孔等加工工艺方法。在 CNC 铣床和加工中心上加工孔时，孔的形状和直径由刀具来控制，孔的位置和加工深度则由程序来控制。

圆柱孔在整个机器零件中起着支撑、定位和保持装配精度的重要作用，因此对圆柱孔有一定的技术要求。孔加工主要技术要求有以下几项。

（1）尺寸精度　配合孔的尺寸公差等级要求控制在 IT6～IT8，精度要求较低的孔一般制在 IT11 左右。

（2）形状精度　孔的形状精度主要是圆度、圆柱度及孔轴心线的直线度，一般应控制在孔径公差以内。对于精度要求较高的孔，其形状精度应控制在孔径公差的 1/3～1/2。

（3）位置精度　孔的位置精度一般有孔距误差、孔的轴心线对端面的垂直度公差和平行度公差等。

（4）表面粗糙度　孔的表面粗糙度 Ra 值一般要求在 0.4～12.5μm 范围内。

加工一个精度要求不高的孔很简单，往往只需一把刀具一次切削即可完成；对精度要求高的孔则需要几把刀具多次加工才能完成；加工一系列不同位置的孔需要计划周密、组织良好的定位及加工方法。因此，对给定的孔或孔系进行加工，选择适当的工艺方法显得非常重要。

任务一　钻孔

知识点

➢ 了解麻花钻、中心钻及钻孔工艺参数的选择方法。
➢ 理解钻孔加工指令的含义。
➢ 会编写孔加工循环指令程序。

技能点

➢ 知道孔加工固定循环的概念。
➢ 会用循环指令加工浅孔和深孔。

任务描述

图 4-1 所示工件的毛坯为 80mm×80mm×32mm 的硬铝，试编写其数控铣钻孔的加工程序并进行加工。

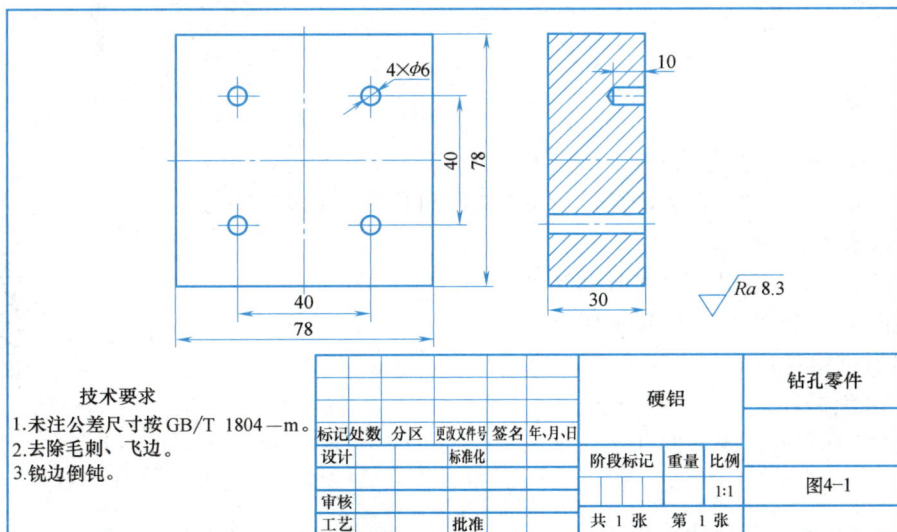

图 4-1　钻孔零件图

知识链接

一、孔加工固定循环

在进行钻孔、铰孔、攻螺纹以及镗削加工时，孔加工路线包括 X、Y 向的点到点的定位路线及 Z 向的切削运动路线。所有孔加工运动过程类似，至少包括以下内容。

1）在安全高度，刀具 X、Y 向快速点定位于孔加工位置。

2）Z向快速接近工件运动到切削起点。

3）以切削进给速度进给运动到指定深度。

4）刀具完成所有Z向运动后离开工件返回到安全的高度位置。

一些孔的加工还有更多的动作细节。

孔加工运动可用G00编程指令表达，但为避免每次孔加工编程时，重复编写G00、G01运动信息，数控系统软件工程师把类似的孔加工步骤、顺序动作编写成预存储的微型程序，固化存储于计算机的内存里。该存储的微型程序就称为固定循环。

二、钻孔循环指令

钻孔是用钻头在工件实体材料上加工孔的方法。麻花钻是钻孔最常用的刀具，一般用高速钢制造。钻孔公差等级一般可达IT10~IT11，表面粗糙度 Ra 值为 $12.5~0.5\mu m$。

孔按照深浅分为深孔和浅孔两类：当长径比（孔深与孔径之比）小于5时为浅孔，大于5时为深孔。钻孔刀具如图4-2所示。

钻孔刀具

1. 浅孔钻削循环指令 G81

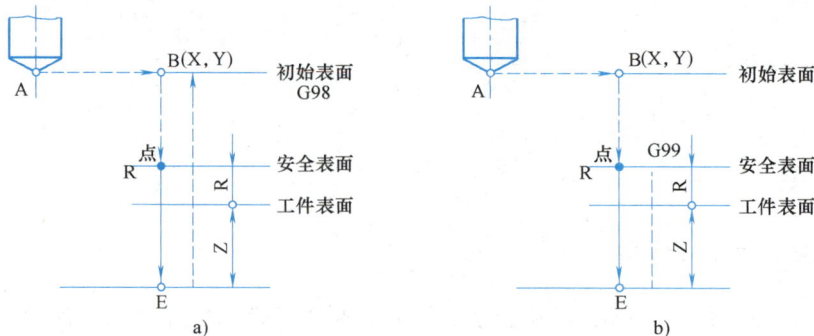

指令功能：刀具以指定的主轴转速和进给速度进行钻孔，直到给定的钻削深度；退刀时以快速移动速度退回。

固定循环指令格式：

G98/G99 G81 X＿ Y＿ Z＿ R＿ F＿；

G80；

其中，

X、Y：孔中心点坐标。

Z：孔底的位置坐标（绝对值时）；从R点到孔底的距离（增量值时）。

G81：浅孔钻削指令。

G98/G99：刀具切削后返回时到达的平面。

R：从初始位置到R点位置的距离。

F：切削进给速度。

G80：取消循环。

G81动作循环示意图如图4-3所示。

图4-2 钻孔刀具

浅孔钻削循环
指令 G81

图4-3 G81动作循环示意图

a）G98、G81组合动作示意图　b）G99、G81组合动作示意图

2. 深孔钻削循环指令 G83

指令功能： 当孔较深时，用此循环可使刀具间歇进给到孔的底部，钻孔过程中可从孔中排除切屑，避免切屑阻断麻花钻。

指令格式：

G98/G99 G83 X __ Y __ Z __ R __ Q __ K __ P __ F __ ；

说明：

X、Y：孔中心点坐标。

Z：孔底的位置坐标（绝对值时）；从 R 点到孔底的距离（增量值时）。

G83：深孔钻削循环指令。

G98/G99：刀具切削后返回时到达的平面。

R：从初始位置到 R 点位置的距离。

Q：每次切削进给的背吃刀量。

K：每次退刀后，再次进给时，由快速进给转换为切削进给时距上次加工面的距离。

P：孔底停留时间（一般省略不写）。

F：切削进给速度。

深孔钻削循环
指令 G83

>> **温馨提示** 钻孔循环指令 G81 先指定主轴转速和方向。华中数控系统钻孔循序指令中，如用 G98 则刀具退至初始平面，用 G99 则刀具退至 R 平面。

任务分析

1. 图样分析

如图 4-1 所示，零件材料为硬铝，硬度低、切削力小，图中四个孔的深度不一样，在编写加工程序时要引起重视。

根据图 4-1 制订加工工艺，选择合适的钻头，运用 G81、G83 等常用指令对平面进行钻孔，并选择合适的量具对工件进行检测。

2. 工艺分析

（1）零件装夹方案的确定 毛坯材料为 80mm×80mm×32mm 的正方形硬铝，四面已精加工，具有较高的精度，可采用精密机用平口钳装夹，选择合适的等高垫铁，夹持 10mm 左右，工件伸出钳口 20mm 左右，使用杠杆百分表找正上表面。

（2）刀具及工、量具的确定 根据零件图上的加工内容和技术要求，确定刀具清单（表 4-1）与工、量具清单（表 4-2）。

表 4-1 刀具清单

序号	刀具名称	规格或型号	数量
1	BT 平面铣刀柄	BT40-FMA25.4-60L	1 个
2	SE45°平面铣刀	SE445-3	1 把
3	BT-ER 铣刀夹头	BT40-ER32-70L	1 个
4	筒夹	ER32-φ6	自定
5	BT 直接式钻夹头	BT40-KPU13-100L	自定
6	平面铣刀刀片	SENN1203-AFTN1	6 片
7	中心钻	A3	1 个
8	麻花钻	φ6mm	1 个

表 4-2　工、量具清单

序号	名称	规格或型号	精度（分度值）	数量
1	游标卡尺	0~150mm	0.02mm	1 把
2	外径千分尺	0~25mm、25~50mm、50~75mm、75~100mm	0.01mm	各 1 把
3	深度千分尺	0~50mm	0.01mm	1 把
4	内径千分尺	5~30mm、25~50mm	0.01mm	各 1 把
5	圆柱光滑塞规	$\phi6$mm	H7	1 只
6	杠杆百分表	0~0.8mm	0.01mm	1 只
7	磁力表座			1 只
8	回转式寻边器	0.02ME-1020	0.01mm	1 副
9	Z 轴设定器	ZDI-50	0.01mm	1 副
10	铜棒或橡胶锤			1 个
11	内六角扳手	6mm、8mm、10mm、12mm		1 把
12	等高垫铁	根据机用平口钳和工件自定		1 副
13	锉刀、油石			自定

3. 加工方案的制订

根据先粗后精、先面后孔和工序集中的原则，安排加工工艺，见表 4-3。

表 4-3　数控加工工艺卡

工步	加工内容	加工简图	刀具		切削参数		
			名称	直径/mm	背吃刀量 a_p/mm	主轴转速 n/(r/min)	进给速度 v_f/(mm/min)
1	粗铣工件上表面		面铣刀	$\phi63$	0.5	1000	100
2	钻中心孔		中心钻	$\phi3$	3	1500	100
3	钻孔至$\phi6$mm		麻花钻	$\phi6$	10、30	1000	100

任务实施

1. 加工准备

通过对零件图样的分析，可以看出零件图样上所有形状的特征以及标注尺寸的基准都在工件的中心，所以编程零点和工件零点重合，这样可以减少编程计算量，使程序简化，还可以实现基准统一，保证精度。

2. 编写加工程序

（1）数学处理及基点的计算　根据零件图样分析，孔的深度分别是10mm和30mm，圆心点坐标为（20，20）、（-20，20）、（-20，-20）、（20，-20），编程时深度要对应。

（2）走刀路线设计　设计走刀路线的前提是满足零件的加工精度，提高加工效率。在钻孔固定循环指令路线设计的应用方面，只需依次写出要钻孔的圆心坐标，机床就可以快速地按照圆心坐标的先后顺序依次完成钻孔操作。

（3）编制数控加工程序　采用基本编程指令编写的数控铣参考程序（铣平面程序略）见表4-4~表4-6。

表4-4　用中心钻钻孔参考程序

刀具	φ3mm 中心钻	
程序段号	加工程序	程序说明
	O0041;	程序号
N10	G90 G54 G17 G40 G80 G49;	程序初始化
N20	G00 X-80 Y-50.3;	快速移动到下刀点
N30	G00 Z100;	Z轴安全高度（测量）
N40	M03 S1500 F100;	主轴转速为1500r/min,进给速度为100mm/min
N50	Z10.0;	刀具Z向快速定位
N60	G98 G81 X20 Y20 Z-3 R5 F100;	浅孔钻削固定循环钻孔
N70	X20 Y-20;	钻孔后抬刀至钻孔下一点
N80	X-20 Y20;	钻孔后抬刀至钻孔下一点
N90	X-20 Y-20;	钻孔后抬刀
N100	G80;	取消固定循环
N110	G0 Z100;	刀具Z向快速抬刀
N120	M05;	主轴停转
N130	M30;	程序结束

表4-5　钻浅孔参考程序

刀具	φ6mm 麻花钻	
程序段号	加工程序	程序说明
	O0042;	程序号
N10	G90 G54 G17 G40 G80 G49;	程序初始化
N20	G00 X-80 Y-50.3;	快速移动到下刀点
N30	G00 Z100;	Z轴安全高度（测量）
N40	M03 S1000 F100;	主轴转速为1000r/min,进给速度为100mm/min
N50	Z10.0;	刀具Z向快速定位
N60	G98 G81 X20 Y20 Z-10 R5 F100;	G81浅孔钻孔固定循环
N70	X-20 Y20;	钻孔后抬刀

（续）

刀具	φ6mm 麻花钻	
程序段号	加工程序	程序说明
N80	G80;	取消固定循环
N90	G0 Z100;	刀具 Z 向快速抬刀
N100	M05;	主轴停转
N110	M30;	程序结束

表 4-6　钻深孔参考程序

刀具	φ6mm 麻花钻	
程序段号	加工程序	程序说明
	O0043;	程序号
N10	G90 G54 G17 G40 G80 G49;	程序初始化
N20	G00 X-80 Y-50.3;	快速移动到下刀点
N30	G00 Z100;	Z 轴安全高度（测量）
N40	M03 S1000 F100;	主轴转速为 1000r/min,进给速度为 100mm/min
N50	Z10.0;	刀具 Z 向快速定位
N60	G98 G83 X-20 Y-20 Z-30 R5 Q-2 K1 F100;	G83 深孔钻削固定循环
N70	X20 Y-20;	钻孔后抬刀
N80	G80;	取消固定循环
N90	G0 Z100;	刀具 Z 向快速抬刀
N100	M05;	主轴停转
N110	M30;	程序结束

3. 操作加工

（1）零件自动运行前的准备　由教师完成刀具和工件的安装，找正安装好的工件，学生观察教师的动作，完成程序的输入和编辑工作，校验程序是否正确。

（2）自动运行　经校验之后，手动将程序输入机床，通常先用单段加工方式来运行，在下刀无误之后，再自动运行。加工完成后，用塞规进行测量。

任务评价

钻孔零件加工任务评价见表 4-7。

表 4-7　钻孔零件加工任务评价

项目与权重	序号	技术要求	配分	评分标准	检测记录	得分
加工操作（25%）	1	φ6mm（四处）	8	超差不得分（每处 2 分）		
	2	40mm（四处）	8	超差不得分（每处 2 分）		
	3	10mm	2	超差不得分		
	4	30mm	3	超差不得分		
	5	表面粗糙度值 $Ra6.3\mu m$	4	超差每处扣 2 分		

（续）

项目与权重	序号	技术要求	配分	评分标准	检测记录	得分
程序与加工工艺（25%）	6	程序格式规范	10	不规范每处扣2分		
	7	工艺合理	10	不正确每处扣2分		
	8	程序参数合理	5	不合理每处扣1分		
机床操作（30%）	9	对刀及坐标系设定	10	不正确每次扣2分		
	10	机床面板操作	10	不正确每次扣2分		
	11	手摇操作	5	不正确每次扣2分		
	12	意外情况处理	5	不合理每次扣2分		
安全文明生产（20%）	13	安全操作	10	不合格全扣		
	14	机床整理	10	不合格全扣		

知识拓展

钻头的种类及应用

　　钻头是一种旋转的、头端有切削功能的刀具，一般以碳钢、高速钢、硬质合金等材料经铣削或滚压再经淬火、回火等热处理后磨制而成，用于在金属或其他材料上钻孔。它的使用范围极广，可运用于钻床、车床、铣床、手电钻等工具上。

　　钻头根据构造不同分为整体式钻头和端焊式钻头。整体式钻头有钻顶、钻身、钻柄三部分，由同一材料整体制造而成；端焊式钻头的钻顶部位由碳化物焊接而成。钻头按照钻柄分类有直柄钻头和锥柄钻头两大类。按照用途分类，一般有中心钻、麻花钻、超硬钻头、浅孔钻头、深孔钻头、钻头铰刀、锥度钻头、圆柱孔钻头、圆锥孔钻头和三角钻头。

思考练习

　　将任务一钻孔程序中的 G98 换成 G99，仔细观察机床刀具动作与原来有何区别。

佳句卡片

　　脚踏实地做事，用心打造卓绝品质。

任务二　铰孔

知识点

> 了解铰刀及铰孔工艺参数。
> 理解铰孔加工指令的含义。
> 会编写铰孔加工程序。

技能点

> 会确定铰孔应留余量。
> 会控制铰孔深度。

任务描述

图 4-4 所示零件的毛坯为 80mm×80mm×30mm 的硬铝，试编写其在数控铣床上铰孔的加工程序并进行加工。

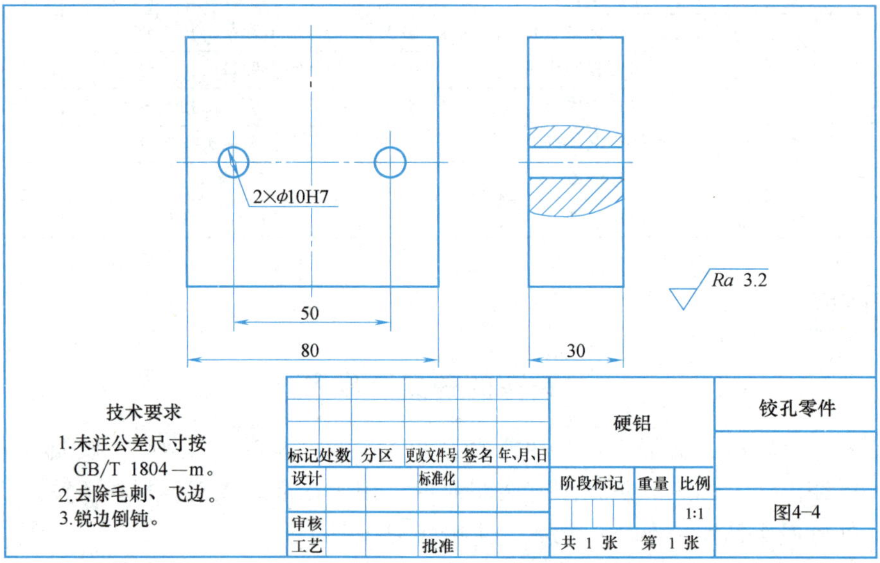

图 4-4　铰孔零件图

知识链接

一、铰孔加工

1. 铰孔的概念

铰孔是孔的精加工方法之一，在生产中应用很广。对于较小的孔，相对于内圆磨削及精镗而言，铰孔是一种较为经济实用的方法。它是利用铰刀从工件孔壁上切除微量金属层，以提高其尺寸精度和降低表面粗糙度值的方法。

铰刀用于铰削工件上已钻削（或扩孔）加工后的孔，主要是为了提高孔的加工精度，降低其表面粗糙度值，是用于孔的精加工和半精加工的刀具，加工余量一般很小。

2. 铰刀的分类

铰刀大部分由工作部分及柄部组成。工作部分主要起切削和校准作用，校准处直径有倒锥度；而柄部则用于被夹具夹持，有直柄和锥柄之分。各种铰刀如图 4-5 所示。

铰刀按使用方法分，有机用铰刀和手用铰刀；按加工孔的形状分，有圆柱孔铰刀、圆锥孔铰刀和阶梯孔铰刀；按构造形式分，有整体式铰刀和分体式铰刀；按刀具材料分，有碳素工具钢铰刀、合金钢铰刀、高速钢铰刀、硬质合金铰刀；按刃口分，有刃铰刀、无刃铰刀；按铰刀齿形分，有直齿铰刀和螺旋齿铰刀。

二、铰孔固定循环指令

铰孔常用的指令是粗镗孔循环指令 G85，也可用 G81 指令。下面介绍粗镗孔循环指

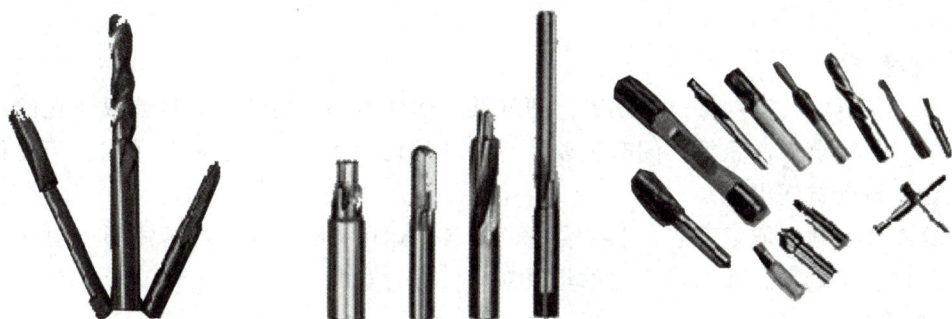

图 4-5 各种铰刀

令 G85。

指令功能：刀具以指定的主轴转速和进给速度切削至孔底，然后退刀时也以切削进给速度退回。

固定循环指令格式：

G98/G99 G85 X＿ Y＿ Z＿ R＿ F＿；

G80；

其中，

X、Y：孔中心点坐标。

Z：孔底的位置坐标（绝对值时）或从 R 点到孔底的距离（增量值时），即孔的深度。

G85：粗镗孔循环指令。

G98/G99：刀具切削后返回时到达的平面。

R：从初始位置到 R 点的距离。

F：切削进给速度。

G80：取消循环。

G98、G85 组合动作示意图如图 4-6 所示。

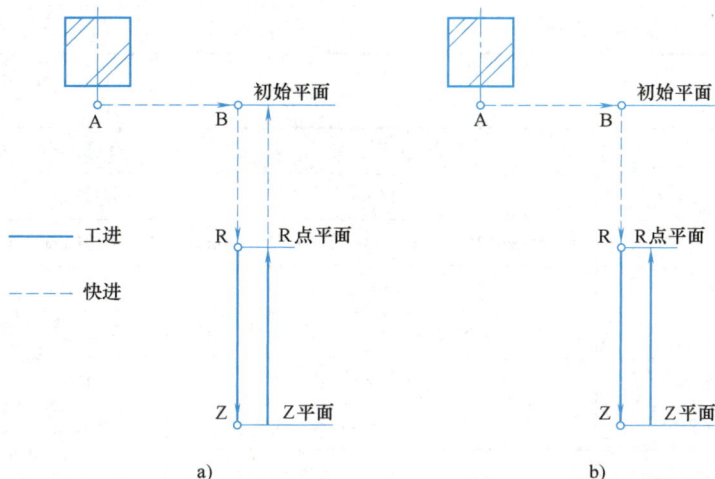

图 4-6 G98、G85 组合动作示意图

任务分析

1. 图样分析

如图 4-4 所示，零件材料为硬铝，硬度低、切削力小，要特别注意修改铰孔的深度，在编写加工程序时要引起重视，同时也要注意铰孔的切削用量。在实际加工时，可在铰刀上涂普通机油，以促进润滑。

根据图 4-4 制订加工工艺，选择合适的刀具，运用 G81、G85 等常用指令对平面进行钻中心孔、钻孔、铰孔，并选择合适的量具对工件进行检测。

2. 工艺分析

（1）零件装夹方案的确定　毛坯材料为 80mm×80mm×30mm 的正方形硬铝，四面已精加工，具有较高的精度，可采用精密机用平口钳装夹，选择合适的等高垫铁，夹持 10mm 左右，工件伸出钳口 20mm 左右，使用杠杆百分表找正上表面。

（2）刀具与工、量具的确定　根据零件图上的加工内容和技术要求，确定刀具清单（表 4-8）与工、量具清单（表 4-9）。

表 4-8　刀具清单

序号	刀具名称	规格或型号	数量
1	BT 平面铣刀柄	BT40-FMA25.4-60L	1 个
2	SE45°平面铣刀	SE445-3	1 把
3	BT-ER 铣刀夹头	BT40-ER32-70L	1 个
4	筒夹	ER32-φ6、φ10	自定
5	BT 直接式钻夹头	BT40-KPU13-100L	自定
6	平面铣刀刀片	SENN1203-AFTN1	6 片
7	中心钻	φ3mm	1 个
8	麻花钻	φ9.8mm	1 个
9	铰刀	φ10H7	1 把

表 4-9　工、量具清单

序号	名称	规格或型号	精度（分度值）	数量
1	游标卡尺	0~150mm	0.02mm	1 把
2	外径千分尺	0~25mm、25~50mm、50~75mm、75~100mm	0.01mm	各 1 把
3	深度千分尺	0~50mm	0.01mm	1 把
4	内测千分尺	5~30mm、25~50mm	0.01mm	1 把
5	圆柱光滑塞规	φ10mm	H7	1 只
6	杠杆百分表	0~0.8mm	0.01mm	1 只
7	磁性表座			1 只
8	回转式寻边器	0.02ME-1020	0.01mm	1 副

（续）

序号	名称	规格或型号	精度（分度值）	数量
9	Z轴设定器	ZDI-50	0.01mm	1副
10	铜棒或橡胶锤			1个
11	内六角扳手	6mm、8mm、10mm、12mm		1把
12	等高垫铁	根据机用平口钳和工件自定		1副
13	锉刀、油石			自定

3. 加工方案的制订

根据先粗后精、先面后孔和工序集中的原则，制订数控加工工艺，见表4-10。

表 4-10　数控加工工艺卡

工步	加工内容	加工简图	刀具		切削用量			
			名称	直径/mm	背吃刀量 a_p/mm	主轴转速 n/(r/min)	进给速度 v_f/(mm/min)	
1	粗铣工件上表面	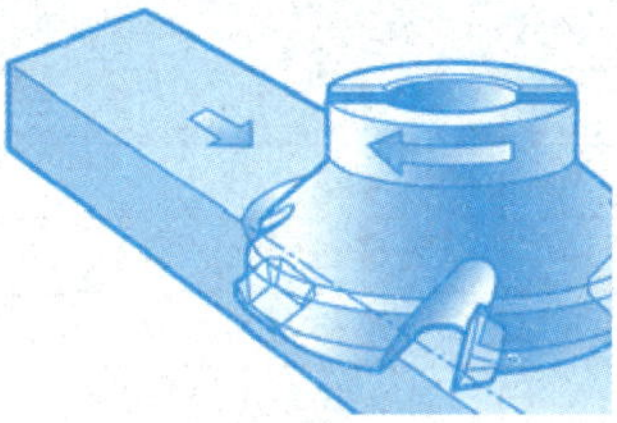	面铣刀	$\phi63$	0.5	1000	100	
2	钻中心孔	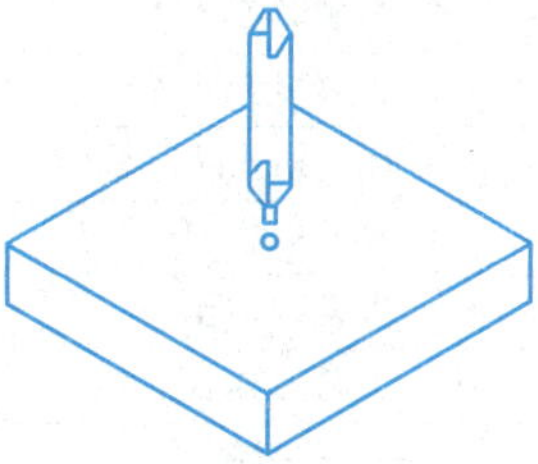	中心钻	$\phi3$	3	1500	100	
3	钻孔至$\phi9.8$mm	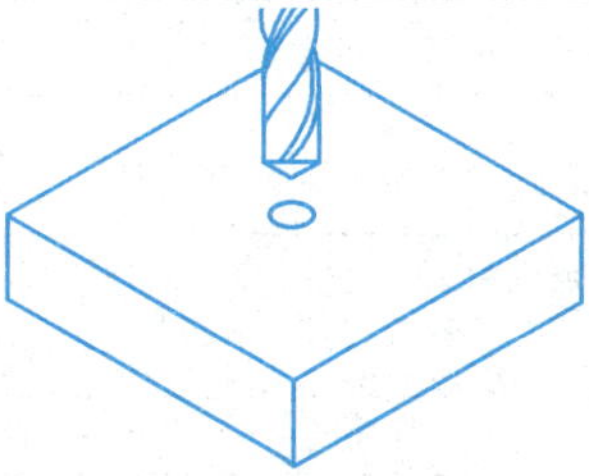	麻花钻	$\phi6$、$\phi9.8$	30	800	100	
4	铰孔至$\phi10$mm	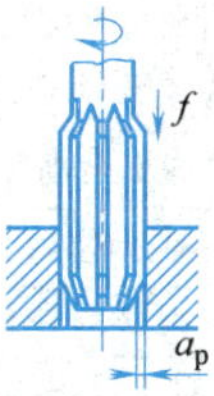	铰刀	$\phi10$	32	200	50	

任务实施

1. 加工准备

通过对零件图样的分析，可以看出零件上所有形状的特征以及标注尺寸的基准都在工件的中心，所以编程零点和工件零点重合，这样可以减少编程计算量，使程序简化，还可以实现基准统一，保证精度。

2. 编写加工程序

（1）数学处理及基点的计算　根据零件图样的分析，孔的深度为30mm，圆心点坐标为（25，0）、（-25，0），为保证铰孔彻底，铰通孔深度要比钻孔深度深2~3mm，浅孔则铰孔深度比钻孔深度浅2~3mm，防止铰刀在铰孔时铰到孔底部被别断。

（2）走刀路线的设计　设计走刀路线的前提是满足零件的加工精度，提高加工效率。在铰孔固定循环指令的应用方面，只需依次写出要铰孔的圆心坐标，机床就可以快速地按照圆心坐标的先后依次完成铰孔操作。

（3）编制数控加工程序　采用基本编程指令编写的数控铣参考程序（铣平面程序略）见表4-11~表4-13。

表4-11　中心钻钻孔的参考程序

刀具	φ3mm 中心钻	
程序段号	加工程序	程序说明
	O0044;	程序号
N10	G90 G54 G17 G40 G80 G49;	程序初始化
N20	G00 X-80 Y-50.3;	快速移动到下刀点
N30	G00 Z100;	Z轴安全高度（测量）
N40	M03 S1500 F100;	主轴转速为1500r/min，进给速度为100mm/min
N50	Z10.0;	刀具Z向快速定位
N60	G98 G81 X25 Y0 Z-3 R5 F100;	G81钻孔固定循环
N70	X-25 Y0;	钻孔后抬刀
N80	G80;	取消固定循环
N90	G0 Z100;	刀具Z向快速抬刀
N100	M05;	主轴停转
N110	M30;	程序结束

表4-12　麻花钻钻孔的参考程序

刀具	φ6mm 麻花钻、φ9.8mm 麻花钻	
程序段号	加工程序	程序说明
	O0045;	程序号
N10	G90 G54 G17 G40 G80 G49;	程序初始化
N20	G00 X-80 Y-50.3;	快速移动到下刀点
N30	G00 Z100;	Z轴安全高度（测量）
N40	M03 S800 F100;	主轴转速为800r/min，进给速度为100mm/min
N50	Z10.0;	刀具Z向快速定位
N60	G98 G81 X25 Y0 Z-10 R5 F100;	G81钻孔固定循环
N70	X-25 Y0;	钻孔后抬刀
N80	G80;	取消固定循环
N90	G0 Z100;	刀具Z向快速抬刀
N100	M05;	主轴停转
N110	M30;	程序结束

表 4-13 铰孔的参考程序

刀具	φ10H7 铰刀	
程序段号	加工程序	程序说明
	O0046;	程序号
N10	G90 G54 G17 G40 G80 G49;	程序初始化
N20	G00 X-80 Y-50.3;	快速移动到下刀点
N30	G00 Z100;	Z 轴安全高度(测量)
N40	M03 S200 F50;	主轴转速为 200r/min,进给速度为 50mm/min
N50	Z10.0;	刀具 Z 向快速定位
N60	G98 G85 X-25 Y0 Z-32 R5 Q-2 K1 F100;	G85 粗镗孔固定循环铰孔
N70	X-25 Y0;	铰孔后抬刀
N80	G80;	取消固定循环
N90	G0 Z100;	刀具 Z 向快速抬刀
N100	M05;	主轴停转
N110	M30;	程序结束

3. 数控加工

（1）零件自动运行前的准备　由教师完成刀具和工件的安装，找正安装好的工件，学生观察教师的动作，完成程序的输入和编辑工作，校验程序是否正确。

（2）自动运行　经校验之后，手动将程序输入机床。通常先以单段加工的方式来运行，在下刀无误之后再自动运行。加工完成后，用塞规进行测量。

任务评价

铰孔零件加工任务评价见表 4-14。

表 4-14 铰孔零件加工任务评价

项目与权重	序号	技术要求	配分	评分标准	检测记录	得分
加工操作 (25%)	1	φ10H7(两处)	10	超差不得分(每处 5 分)		
	2	50mm	10	超差不得分		
	3	表面粗糙度值 Ra3.2μm	5	超差每处扣 2 分		
程序与加工工艺 (25%)	4	程序格式规范	10	不规范每处扣 2 分		
	5	工艺合理	10	不正确每处扣 2 分		
	6	程序参数合理	5	不合理每处扣 1 分		
机床操作 (30%)	7	对刀及坐标系设定正确	10	不正确每次扣 2 分		
	8	机床面板操作正确	10	不正确每次扣 2 分		
	9	手摇操作不出错	5	不正确每次扣 2 分		
	10	意外情况处理合理	5	不合理每次扣 2 分		
安全文明生产 (20%)	11	安全操作	10	不合格全扣		
	12	机床整理	10	不合格全扣		

思考练习

将任务二数控加工程序中的 G98 换成 G99，请仔细观察机床刀具动作与原来有何区别。

佳句卡片

以工匠精神引领时代，以工匠制造创造未来。

任务三　攻螺纹

知识点

➤ 了解丝锥及攻螺纹工艺参数的选择方法。
➤ 理解攻螺纹加工指令的含义。
➤ 会编写攻螺纹加工程序。

技能点

➤ 会钻削螺纹底孔。
➤ 会用固定循环指令攻螺纹。

任务描述

图 4-7 所示零件的毛坯为 80mm×80mm×30mm 的硬铝，试编写其在数控铣床上攻螺纹的加工程序并进行加工。

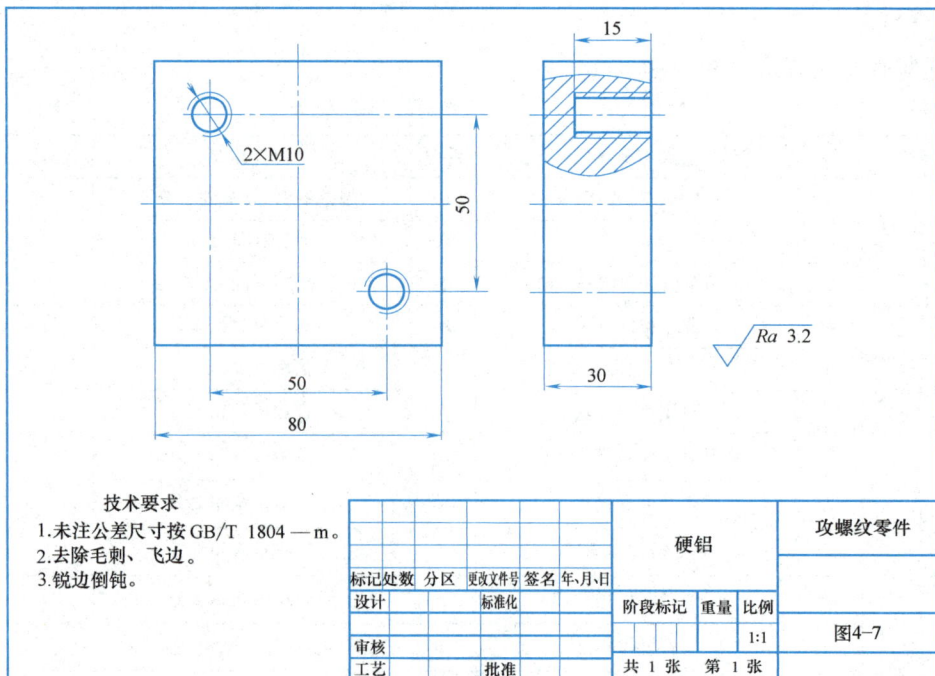

图 4-7　攻螺纹零件图

知识链接

一、螺纹加工

螺纹的加工方法多种多样，传统的螺纹加工方法主要为采用螺纹车刀车削螺纹或采用丝锥、板牙手工攻螺纹及套螺纹。随着数控加工技术的发展，尤其是三轴联动数控加工系统的出现，应用数控铣床对螺纹进行加工已经成为非常重要和使用广泛的方法和手段。而在数控铣床上加工螺纹，主要有以下几种方法：采用丝锥攻螺纹、用单刃机夹螺纹铣刀铣削螺纹、用圆柱螺纹铣刀铣削螺纹、用组合多工位的专用螺纹镗铣刀铣削螺纹。加工螺纹的前提是先钻好螺纹底孔，其常见孔径大小详见螺纹底孔对照表（表4-15、表4-16）。

表 4-15 米制普通粗牙螺纹底孔对照表

螺纹代号	钻头直径/mm	螺纹代号	钻头直径/mm
M2	1.6	M16	14.0
M3	2.5	M18	15.5
M4	3.3	M20	17.5
M5	4.2	M24	21.0
M6	5.0	M30	26.5
M8	6.8	M36	32.0
M10	8.5	M42	37.5
M12	10.3	M45	40.5
M14	12.0	M48	43.0

表 4-16 米制普通细牙螺纹底孔对照表

螺纹代号	钻头直径/mm	螺纹代号	钻头直径/mm
M2×0.25	1.75	M16×1.5	14.5
M3×0.35	2.7	M16×1.0	15.0
M4×0.5	3.5	M18×1.5	16.5
M5×0.5	4.5	M18×1.0	17
M6×0.75	6.3	M20×2.0	18
M8×1.0	7	M20×1.5	18.5
M8×0.75	7.3	M20×1.0	19
M10×1.0	9	M24×2.0	22.0
M10×1.25	8.8	M24×1.5	22.5
M10×0.75	9.3	M24×1.0	23.0
M12×1.5	10.5	M30×3	27
M12×1.25	10.8	M30×2	28
M12×1.0	11	M30×1.5	28.5
M14×1.5	12.5	M30×1.5	29
M14×1.0	13.0	M36×3.0	33.0

（续）

螺纹代号	钻头直径/mm	螺纹代号	钻头直径/mm
M36×2	34.0	M45×3	42
M36×1.5	34.5	M45×2	43
M42×4	38	M45×1.5	43.5
M42×3	39	M48×4	44.0
M42×2	40	M48×3	45.0
M42×1.5	40.5	M48×2	46.0
M45×4	41	M48×1.5	46.5

二、攻螺纹循环指令

本任务主要为用丝锥攻螺纹。丝锥如图 4-8 所示。

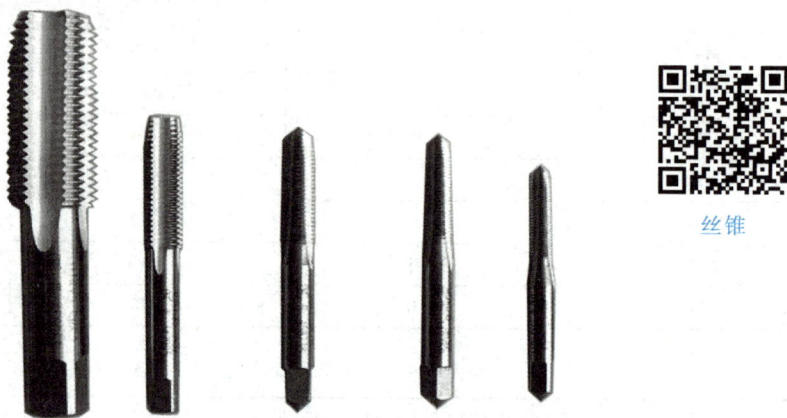

丝锥

图 4-8　丝锥

以前在加工中心或是数控铣床上攻螺纹时，一般都是根据所选用的丝锥和工艺要求，在加工过程中编入一个主轴转速和正/反转指令，然后再编入 G84/G74 固定循环，在固定循环中给出有关的数据，其中 Z 轴的进给速度 F 是根据丝锥螺距×主轴转速得出的，这样才能加工出需要的螺孔来。虽然表面上看主轴转速与进给速度是根据螺距配合运行的，但是主轴的转动角度是不受控制的，而且主轴的角度位置与 Z 轴的进给没有任何同步关系，仅依靠恒定的主轴转速与进给速度的配合是不够的。主轴的转速在攻螺纹的过程中需要经历一个停止—正转—停止—反转—停止的过程，主轴要加速—制动—加速—制动，再加上在切削过程中工件材质不均匀，以及主轴负载的波动，都会使主轴速度不稳定。对于进给 Z 轴，其进给速度和主轴也是相似的，速度不会恒定，所以两者不可能配合得很好。这也就是为什么当采用这种方式攻螺纹时，必须配用带有弹簧伸缩装置的夹头（图 4-9）来补偿 Z 轴进给与主轴转角运动产生的螺距误差。如果仔细观察上述攻螺纹过程，就会明显地看到，当攻螺纹到底时，Z 轴停止了而主轴没有立即停住（惯量），带有弹簧伸缩装置的夹头被压缩一段距离；而当 Z 轴反向进给时，主轴正在加速，带有弹簧伸缩装置的夹头被拉伸，这种补偿弥补了控制方式不足造成的缺陷，完成了攻螺纹操作。对于精度要求不高的螺纹孔，用这种方法加工尚可以满足要求；但对于螺纹精度要求较高（6H 或以上）的螺纹以及被加工的材质较软时，螺纹精度将不能得到保证。

图 4-9　带有弹簧伸缩装置的夹头

刚性攻螺纹就是针对上述方式的不足而提出的，它在主轴上加装了位置编码器，把主轴旋转的角度位置反馈给数控系统形成位置闭环，同时与 Z 轴进给建立同步关系，这样就严格保证了主轴转动角度和 Z 轴进给尺寸的线性比例关系。因为有了这种同步关系，即使由于惯量、加减速时间常数不同及负载波动而造成主轴转动角度或 Z 轴移动位置变化，也不会影响加工精度。因为主轴转角与 Z 轴进给是同步的，在攻螺纹过程中不论任何一方受干扰发生变化，另一方也会相应地发生变化，并永远维持线性比例关系。如果用刚性攻螺纹加工螺纹孔，可以很清楚地看到，当 Z 轴攻螺纹到达位置时，主轴转动与 Z 轴进给是同时减速并同时停止的，主轴反转与 Z 轴反向进给同样保持一致。正是有了同步关系，丝锥夹头用普通的钻夹头或更简单的专用夹头就可以了，而且刚性攻螺纹时，只要刀具（丝锥）强度允许，主轴的转速能提高很多，4000r/min 的主轴转速已经不在话下。刚性攻螺纹的加工效率较其他攻螺纹方法提高 5 倍以上，螺纹精度也得到了保证，目前已经成为数控铣床不可或缺的一项主要功能。

1. 攻右旋螺纹循环指令 G84

指令功能：刀具沿着 X 轴和 Y 轴快速定位后，主轴正转，快速移动到 R 点，从 R 点至 Z 点进行螺纹加工，然后主轴反转并返回到 R 点平面或初始平面，主轴正转。攻螺纹时进给倍率、进给保持均不起作用，直至完成该固定循环后才停止进给。

G84 指令用于切削右旋螺纹孔。向下切削时主轴正转，孔底动作是变正转为反转，再退出，F 表示导程，在 G84 指令切削螺纹期间速率修正无效，移动将不会中途停顿，直到循环结束。

固定循环指令格式：

G98/G99 G84 X __ Y __ Z __ R __ P __ K __ F __；
G80；

其中，

X、Y：孔中心点坐标。

Z：攻螺纹深度。

G84：右旋攻螺纹循环指令。

G98/G99：刀具切削后返回时到达的平面。

R：从初始位置到 R 点位置的距离。

螺纹铣削指令
G84、G74

F：切削进给速度＝丝锥螺距×主轴转速。在每次进给方式中，螺纹螺距等于进给速度。

G80：取消循环。

2. 攻左旋螺纹循环指令 G74

指令功能：刀具沿着 X 轴和 Y 轴快速定位后，快速移动到 R 点，主轴反转从 R 点至 Z 点进行螺纹加工，然后主轴正转并返回到 R 点平面或初始平面，主轴反转。攻螺纹时进给倍率、进给保持均不起作用，直至完成该固定循环后才停止进给。

固定循环指令格式：

G98/G99 G74X＿Y＿Z＿R＿P＿K＿F＿；

G80；

其中，

X、Y：孔中心点坐标。

Z：攻螺纹深度。

G74：左旋攻螺纹循环指令。

G98/G99：刀具切削后返回时到达的平面。

R：从初始位置到 R 点的距离。

F：切削进给速度＝丝锥螺距×主轴转速。在每次进给方式中，螺纹螺距等于进给速度。

G80：取消循环

指定刚性方式可用下列任何一种方法。

1）在攻螺纹指令段之前指定"M29 S＿"。

2）在包含攻螺纹指令的程序段中指定"M29 S＿"。

G84、G74 动作循环示意图如图 4-10 所示。

任务分析

1. 图样分析

如图 4-7 所示，零件材料为硬铝，硬度低、切削力小，在编写加工程序时要注意螺纹底孔的深度和直径大小。

根据图 4-7 制订加工工艺，选择合适的刀具，运用 G81、G84 等常用指令对平面进行螺纹孔的加工，并选择合适的量具对工件进行检测。

2. 工艺分析

（1）零件装夹方案的确定 毛坯材料为 80mm×80mm×30mm 的正方形

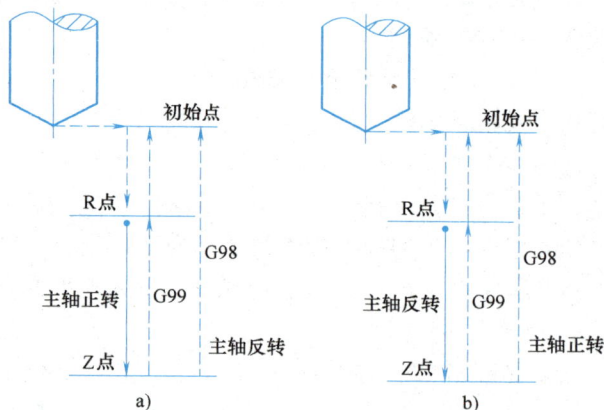

图 4-10　G84、G74 动作循环示意图

a）G84 动作循环示意图　b）G74 动作循环示意图

硬铝，四面已精加工，具有较高的精度，可采用精密机用平口钳装夹，选择合适的等高垫铁，夹持 10mm 左右，工件伸出钳口 20mm 左右，使用杠杆百分表找正上表面。

（2）刀具与工、量具的确定 根据零件图上的加工内容和技术要求，确定刀具清单（表 4-17）与工、量具清单（表 4-18）。

表 4-17　刀具清单

序号	刀具名称	规格或型号	精度	数量
1	BT 平面铣刀柄	BT40-FMA25.4-60L		1 个
2	SE45°平面铣刀	SE445-3		1 把
3	BT-ER 铣刀夹头	BT40-ER32-70L		1 个
4	筒夹	ER32-φ6、φ10		自定
5	BT 直接式钻夹头	BT40-KPU13-100L		自定
6	平面铣刀刀片	SENN1203-AFTN1		6 片
7	中心钻	φ3mm		1 个
8	麻花钻	φ8.5mm		1 个
9	丝锥	M10		1 个

表 4-18　工、量具清单

序号	名称	规格或型号	精度（分度值）	数量
1	游标卡尺	0~150mm	0.02mm	1 把
2	外径千分尺	0~25mm、25~50mm、50~75mm、75~100mm	0.01mm	各 1 把
3	深度千分尺	0~50mm	0.01mm	1 把
4	内测千分尺	5~30mm、25~50mm	0.01mm	各 1 把
5	螺纹塞规	M10	H7	1 只
6	杠杆百分表	0~0.8mm	0.01mm	1 只
7	磁性表座			1 只
8	回转式寻边器	0.02ME-1020	0.01mm	1 副
9	Z 轴设定器	ZDI-50	0.01mm	1 副
10	铜棒或橡胶锤			1 个
11	内六角扳手	6mm、8mm、10mm、12mm		各 1 把
12	等高垫铁	根据机用平口钳和工件自定		1 副
13	锉刀、油石			自定

（3）加工方案的制订　根据先粗后精、先面后孔和工序集中的原则，制订数控加工工艺，见表 4-19。

表 4-19　数控加工工艺卡

工步	加工内容	加工简图	刀具名称	直径/mm	背吃刀量 a_p /mm	主轴转速 n /(r/min)	进给速度 v_f /(mm/min)
1	粗铣工件上表面		面铣刀	φ63mm	0.5	1000	100

（续）

工步	加工内容	加工简图	刀具		切削用量		
2	钻中心孔		中心钻	φ3mm	3	1500	100
3	钻孔至 φ8.5mm		麻花钻	φ8.5mm	20	800	100
4	攻螺纹孔 至 M10		丝锥	φ10mm	15	100	30

任务实施

1. 加工准备

通过对零件图（图4-7）的分析，可以看出零件上所有形状的特征以及标注尺寸的基准都在工件的中心，所以编程零点和工件零点重合，这样可以减少编程计算量，使程序简化，还可以实现基准统一，保证精度。

2. 编写加工程序

（1）数学处理及基点的计算　根据对零件图（图4-7）的分析，螺纹底孔的深度为20mm，圆心点坐标为（-25，25）、（25，-25），则攻螺纹的深度为15mm，在编写程序时要注意。

（2）走刀路线的设计　设计走刀路线的前提是满足零件的加工精度，提高加工效率。在攻螺纹固定循环指令的路线设计方面，只需依次写出要加工孔的圆心坐标，机床就可以快速地按照圆心坐标的先后顺序完成攻螺纹的操作。

（3）编制数控加工程序　采用基本编程指令编写的数控铣加工参考程序见表4-20~表4-22。

表4-20　中心钻钻孔的参考程序

刀具	φ3mm 中心钻	
程序段号	加工程序	程序说明
	O0047;	程序号
N10	G90 G54 G17 G40 G80 G49;	程序初始化
N20	G00 X-80 Y-50.3;	快速移动到下刀点
N30	G00 Z100;	Z轴安全高度(测量)
N40	M03 S1500 F100;	主轴转速为1500r/min,进给速度为100mm/min

（续）

刀具	ϕ3mm 中心钻	
程序段号	加工程序	程序说明
N50	Z10.0；	刀具 Z 向快速定位
N60	G98 G81 X25 Y-25 Z-3 R5 F100；	G81 钻孔固定循环
N70	X-25 Y25；	钻孔后抬刀
N80	G80；	取消固定循环
N90	G0 Z100；	刀具 Z 向快速抬刀
N100	M05；	主轴停转
N110	M30；	程序结束

表 4-21 麻花钻钻孔的参考程序

刀具	ϕ8.5mm 麻花钻	
程序段号	加工程序	程序说明
	O0048；	程序号
N10	G90 G54 G17 G40 G80 G49；	程序初始化
N20	G00 X-80 Y-50.3；	快速移动到下刀点
N30	G00 Z100；	Z 轴安全高度（测量）
N40	M03 S800 F100；	主轴转速为 800r/min，进给速度为 100mm/min
N50	Z10.0；	刀具 Z 向快速定位
N60	G98 G81 X-25 Y25 Z-20 R5 F100；	G81 钻孔固定循环
N70	X25 Y-25；	钻孔后抬刀
N80	G80；	取消固定循环
N90	G0 Z100；	刀具 Z 向快速抬刀
N100	M05；	主轴停转
N110	M30；	程序结束

表 4-22 丝锥攻螺纹的参考程序

刀具	M10 丝锥	
程序段号	加工程序	程序说明
	O0049；	程序号
N10	G90 G54 G17 G40 G80 G49；	程序初始化
N20	G00 X-80 Y-50.3；	快速移动到下刀点
N30	G00 Z100；	Z 轴安全高度（测量）
N40	M03 S100 F30；	主轴转速为 100r/min，进给速度为 30mm/min
N50	Z10.0；	刀具 Z 向快速定位
N60	G98 G84 X-25 Y25 Z-15 R5 F30；	G84 右旋固定循环攻螺纹
N70	X25 Y-25；	攻螺纹后抬刀
N80	G80；	取消固定循环
N90	G0 Z100；	刀具 Z 向快速抬刀
N100	M05；	主轴停转
N110	M30；	程序结束

3. 数控加工

（1）零件自动运行前的准备　由教师完成刀具和工件的安装，找正安装好的工件，学生观察教师的动作，完成程序的输入和编辑工作，校验程序是否正确。

（2）自动运行　经校验之后，手动将程序输入机床。通常先以单段加工的方式来运行，在下刀无误之后再自动运行。加工完成后，用螺纹塞规进行测量。

任务评价

攻螺纹零件加工任务评价见表4-23。

表 4-23　攻螺纹零件加工任务评价

项目与权重	序号	技术要求	配分	评分标准	检测记录	得分
加工操作 （25%）	1	M10（两处）	10	超差不得分（每处5分）		
	2	50mm（两处）	10	超差不得分（每处5分）		
	3	表面粗糙度值 $Ra3.2\mu m$	5	超差每处扣2分		
程序与加工工艺 （25%）	4	程序格式规范	10	不规范每处扣2分		
	5	工艺合理	10	不正确扣2分		
	6	程序参数合理	5	不合理扣1分		
机床操作 （30%）	7	对刀及坐标系设定正确	10	不正确每次扣2分		
	8	机床面板操作正确	10	不正确每次扣2分		
	9	手摇操作不出错	5	不正确每次扣2分		
	10	意外情况处理合理	5	不合理每次扣2分		
安全文明生产 （20%）	11	安全操作	10	不合格全扣		
	12	机床整理	10	不合格全扣		

思考练习

参考本项目任务三中的攻螺纹加工过程加工 M12 的螺纹，要求制订工序卡片，编写加工程序。

佳句卡片

弘扬工匠精神，助力中国制造。

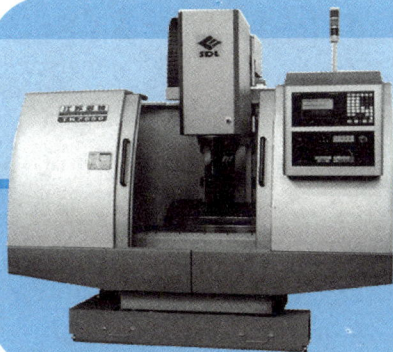

项目五

用简化编程指令铣削零件

学习目标

- 了解简化编程指令的格式。
- 会使用子程序指令编制程序。
- 掌握刀具半径补偿、刀具长度补偿指令的含义及使用方法。
- 掌握用简化指令编程的方法。
- 会操作数控铣床铣削零件，并能检测加工质量。

素养目标

- 培养学生认真严谨的学习态度。
- 培养学生精益求精的工匠精神。

引言

对特殊零件进行加工时，可以通过 G01、G02 指令完成编程，但计算复杂，加工效率低，精度难以得到保证。数控铣床可以通过简化编程指令，来实现加工程序的简化。通过本项目的学习，使学生具备一定的特殊零件数控铣削的工艺分析能力，理解数控铣削中镜像指令 G24/G25、旋转指令 G68/G69 的含义及使用方法，并能组合运用这些指令，完成零件的加工。

任务一　镜像指令

知识点

- 理解数控系统镜像功能的指令含义。
- 学会应用镜像功能编写零件的加工程序。

技能点

➤ 学会数控系统镜像功能的编程方法。
➤ 会应用镜像功能对对称零件轮廓进行数控加工。

任务描述

图 5-1 所示零件的毛坯为 165mm×125mm×35mm 的 45 钢，试利用镜像功能指令编写其数控铣加工程序并进行加工。

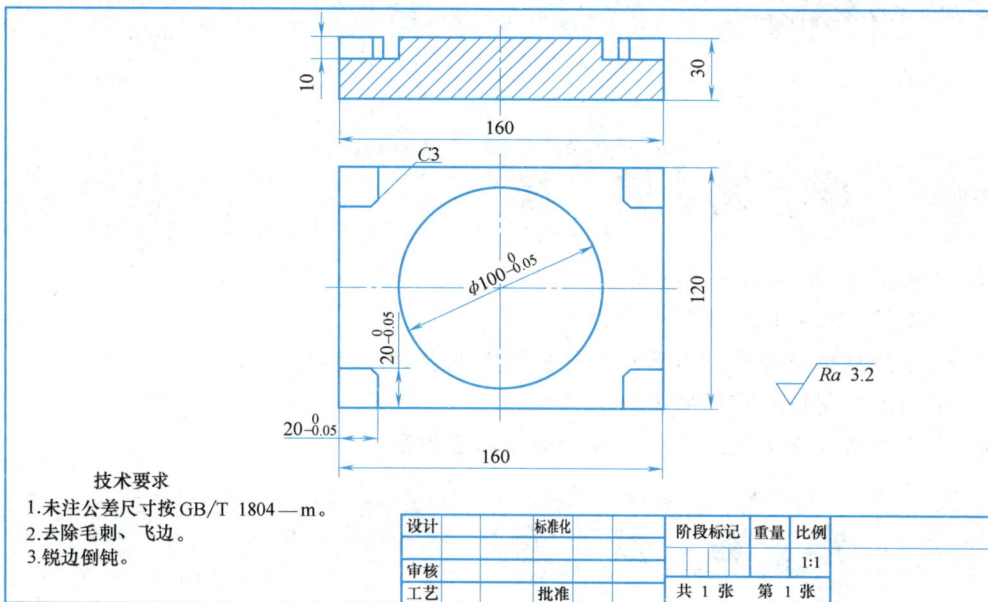

图 5-1　镜像功能零件图

知识链接

一、镜像功能

当某一轴的镜像位置有效时，该轴执行与编程方法相反的运动。

二、指令格式

指令格式：

G24 X__　Y__　Z__　A __;

M98 P __;

G25 X__　Y__　Z__　A __;

其中，

G24：建立镜像指令。

G25：取消镜像指令。

G24、G25 为模态指令，可相互注销。G25 为默认值。

镜像指令
G24、G25

>> **温馨提示** X、Y、Z、A表示镜像位置。当工件相对于某一轴具有对称形状时，可以利用镜像功能和子程序，只对工件的一部分进行编程，而能加工出工件的对称部分。当某一轴的镜像有效时，该轴执行与编程方向相反的运动。

任务分析

根据零件图制订加工工艺，选择合适的刀具，运用镜像指令加工零件，并选择合适的量具对工件进行检测。

任务实施

1. 加工准备

（1）零件图工艺分析　该零件为轮廓类零件，外形为矩形；所用材料为45钢，材料硬度适中，便于加工；宜选择普通数控铣床加工。

（2）确定零件的装夹方式　由于该零件结构及其所对应的毛坯结构均为矩形，所以宜选机用平口钳装夹。

（3）加工顺序及走刀路线

1）建立工件坐标系，原点是工件的上表面中心。

2）下刀点为工件坐标系上的（0，-70，10）处。

3）加工顺序：用φ18mm立铣刀去余量并粗铣圆台和镜像方台；用φ18mm立铣刀精铣底面、圆台和镜像方台。

（4）切削用量

1）φ18mm立铣刀粗铣：主轴转速为340r/min，进给速度为40mm/min。

2）φ18mm立铣刀精铣：主轴转速为340r/min，进给速度为50mm/min。

（5）数控加工工艺卡　数控加工工艺卡见表5-1。

表5-1　数控加工工艺卡

数控加工工艺卡				工序号		工序内容	
				1		利用镜像功能加工四个镜像台	
				零件名称	材料	夹具	使用设备
				镜像功能零件	45钢	机用平口钳	华中数控
工步号	程序号	工步内容	刀具号	刀具	主轴转速 n(r/min)	进给速度 v_f/(mm/min)	背吃刀量 a_p/mm	备注
1	O5101	去余量,粗铣圆台、镜像台	1	φ18mm立铣刀	340	40	9.8	
2	O5102	精铣底面、圆凸台、镜像台	2	φ18mm立铣刀	340	50	10.5	
3	O5103	子程序粗铣镜像台	3	φ18mm立铣刀	340	40	9.8	
4	O5104	子程序精铣镜像台	4	φ18mm立铣刀	340	50	10.05	

2. 编写加工程序

采用基本编程指令编写的数控铣加工参考程序见表5-2~表5-5。

表 5-2　主程序一（去余量，粗铣圆台、镜像台）

刀具	φ18mm 立铣刀	
程序段号	加工程序	程序说明
	O5101；	程序号
N10	G90 G80 G40 G49 G69 G17 G54 G25；	采用 G54 坐标系，取消各种功能
N20	M03 S340；	主轴正转，转速为 340r/min
N30	G00 X−90 Y−30；	快速定位到下刀位置
N40	G01 Z−9.8 F40；	铣削到深度，指定进给
N50	X−72；	移动到指定位置
N60	Y30；	移动到指定位置
N70	X−90；	移动到指定位置
N80	G00 Z10；	快速抬刀
N90	G00 X90 Y30；	快速定位到下刀位置
N100	G01 Z−9.8 F40；	铣削到深度，指定进给
N110	X72；	移动到指定位置
N120	Y−30；	移动到指定位置
N130	X90；	移动到指定位置
N140	G00 Z10；	快速抬刀
N150	G00 X−50 Y70；	快速定位到下刀位置
N160	G01 Z−9.8 F40；	铣削到深度，指定进给
N170	Y61；	移动到指定位置
N180	X50；	移动到指定位置
N190	Y70；	移动到指定位置
N200	G00 Z10；	快速抬刀
N210	G00 X50 Y−70；	快速定位到下刀位置
N220	G01 Z−9.8 F40；	铣削到深度，指定进给
N230	Y−61；	移动到指定位置
N240	X−50；	移动到指定位置
N250	Y−70；	移动到指定位置
N260	G00 Z10；	快速抬刀
N270	G00 X0 Y−70 Z10；	快速定位到起始坐标位置
N280	G01 Z−9.8 F40；	铣削到深度，指定进给
N290	G42 D01 Y−50；	调用刀具半径补偿
N300	G03 J50；	粗铣圆台
N310	G00 Z5；	快速抬刀
N320	Y−70 G40；	移动到指定位置，取消刀具半径补偿
N330	M98 P5103；	调粗铣镜像台子程序，调用一次
N340	G24 Y0；	建立镜像 X 轴，以 Y=0 处作为镜像点
N350	M98 P5103；	调粗铣镜像台子程序，调用一次

（续）

刀具	φ18mm 立铣刀	
程序段号	加工程序	程序说明
N360	G24 X0;	镜像 Y 轴,以 X=0 处作为镜像点,X 轴镜像继续有效
N370	M98 P5103;	调粗铣镜像台子程序,调用一次
N380	G25 Y0;	取消 X 轴镜像,Y 轴继续有效
N390	M98 P5103;	调粗铣镜像台子程序,调用一次
N400	G00 Z100;	快速抬刀到安全位置
N410	G25 X0 Y0 ;	取消镜像
N420	M30;	程序结束

表 5-3　主程序二（精铣底面、圆凸台、镜像台）

刀具	φ18mm 立铣刀	
程序段号	加工程序	程序说明
	O5102;	程序号
N10	G90 G80 G40 G49 G69 G17 G54 G25;	采用 G54 坐标系,取消各种功能
N20	M03 S340;	主轴正转,转速为 340r/min
N30	G00 X-90 Y-30;	快速定位到下刀位置
N40	G01 Z-10.05 F50;	铣削到深度,指定进给
N50	X-72;	移动到指定位置
N60	Y30;	移动到指定位置
N70	X-90;	移动到指定位置
N80	G00 Z10;	快速抬刀
N90	G00 X90 Y30;	快速定位到下刀位置
N100	G01 Z-10.05 F50;	铣削到深度,指定进给
N110	X72;	移动到指定位置
N120	Y-30;	移动到指定位置
N130	X90;	移动到指定位置
N140	G00 Z10;	快速抬刀
N150	G00 X-50 Y70;	快速定位到下刀位置
N160	G01 Z-10.05 F50;	铣削到深度,指定进给
N170	Y61;	移动到指定位置
N180	X50;	移动到指定位置
N190	Y70;	移动到指定位置
N200	G00 Z10;	快速抬刀
N210	G00 X50 Y-70;	快速定位到下刀位置
N220	G01 Z-10.05 F50;	铣削到深度,指定进给

（续）

刀具	φ18mm 立铣刀	
程序段号	加工程序	程序说明
N230	Y-61;	移动到指定位置
N240	X-50;	移动到指定位置
N250	Y-70;	移动到指定位置
N260	G00 Z10;	快速抬刀
N270	G00 X0 Y-70 Z10;	快速定位到起始坐标位置
N280	G01 Z-10 F50;	铣削到深度,指定进给
N290	G42 D01 Y-50;	调用刀具半径补偿
N300	G03 J50;	粗铣圆台
N310	G00 Z5;	快速抬刀
N320	Y-70 G40;	移动到指定位置,取消刀具半径补偿
N330	M98 P5104;	调粗铣镜像台子程序,调用一次
N340	G24 Y0;	建立镜像 X 轴,以 Y=0 处作为镜像点
N350	M98 P5104;	调粗铣镜像台子程序,调用一次
N360	G24 X0;	镜像 Y 轴,以 X=0 处作为镜像点,X 轴镜像继续有效
N370	M98 P5104;	调粗铣镜像台子程序,调用一次
N380	G25 Y0;	取消 X 轴镜像,Y 轴继续有效
N390	M98 P5104;	调粗铣镜像台子程序,调用一次
N400	G00 Z100;	快速抬刀到安全位置
N410	G25 X0 Y0;	取消镜像
N420	M30;	程序结束

表 5-4 子程序一（粗铣镜像台）

程序段号	加工程序	程序说明
	O5103;	程序号
N10	G00 X20 Y-70 G40;	快速移动到指定位置,取消刀具半径补偿
N20	G01 Z-9.8 F40;	下刀到指定深度
N30	G41 D01 X60;	调用刀具半径补偿,切削到指定位置
N40	Y-40 C3;	在(60,-40)处倒角 C3
N50	X90;	移动到指定位置
N60	G00 Z10;	快速抬刀到安全位置
N70	M99;	返回主程序

表 5-5 子程序二（精铣镜像台）

程序段号	加工程序	程序说明
	O5104;	程序号
N10	G00 X20 Y-70 G40;	快速移动到指定位置,取消刀具半径补偿
N20	G01 Z-10.05 F50;	下刀到指定深度
N30	G41 D01 X60;	调用刀具半径补偿,切削到指定位置
N40	Y-40 C3;	在(60,-40)处倒角 C3
N50	X90;	移动到指定位置
N60	G00 Z10;	快速抬刀到安全位置
N70	M99;	返回主程序

>> **温馨提示** 编程完毕后，根据所编写的程序手工绘出刀具在 OXZ 平面内的轨迹，以验证程序的正确性。另外，编程时应注意模态指令的合理使用。

3. 数控加工

（1）零件自动运行前的准备

1）阅读零件图，检查毛坯材料的尺寸。

2）开机、返回机床参考点。

3）输入程序并检查程序。

4）安装夹具，夹紧工件。用机用平口钳装夹，用百分表将机用平口钳的固定钳口侧面找正后压紧在工作台上，然后钳口处用标准块垫平。工件装夹如图 5-2 所示。

（2）对刀、设定工件坐标系

1）X、Y 向对刀。通过寻边器进行对刀，得到 X、Y 零偏置值，并输入到 G54 中。

2）Z 向对刀。本任务采用一把刀具加工外轮廓，零件的上表面被设定为 Z=0 面。可以借助 Z 轴对刀仪对刀，Z 轴对刀仪放置时与零件上表面在同一高度，刀具把 Z 轴对刀仪压下，然后将机床坐标值输入到 G54 中，本任务为负值。

3）输入刀具半径补偿值。将刀具的半径补偿值输入到对应的刀具半径补偿单元 D01 中。

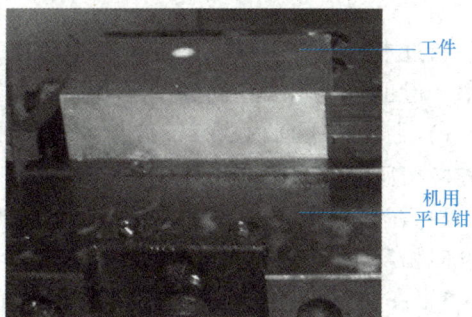

图 5-2 工件装夹

4）调试程序。将工件坐标系的 Z 值正方向平移 50mm，按"启动"键，适当降低进给速度，检查刀具运动是否正确。

5）加工工件。将工件坐标系的 Z 值恢复原值，进给速度调到低档，按"循环启动"键，加工时适当调整主轴转速和进给速度，保证加工正常。

6）测量尺寸。程序执行完毕后，Z 轴返回设定高度，机床自动停止。用游标卡尺检查零件外轮廓的尺寸是否合格，若不合格需要合理修改补偿值，再进行加工，直至合格为止。

7）加工结束。松开夹具，卸下工件，清理机床。

任务评价

镜像功能零件加工任务评价见表 5-6。

表 5-6　镜像功能零件加工任务评价

项目与权重	序号	技术要求	配分	评分标准	检测记录	得分
工件质量 （40%）	1	$\phi100_{-0.05}^{0}$ mm	12	超出 0.01mm 扣 1 分		
	2	$20_{-0.05}^{0}$ mm	12	超出 0.01mm 扣 1 分		
	3	C3（四处）	8	超差不得分（每处 2 分）		
	4	10mm	8	超出 0.01mm 扣 1 分		
程序与加工工艺 （20%）	5	程序格式规范	7	不规范每处扣 2 分		
	6	程序正确、完整	7	不正确每处扣 2 分		
	7	工艺合理	3	不合理每处扣 1 分		
	8	程序参数合理	3	不合理每处扣 1 分		
机床操作 （20%）	9	对刀及坐标系设定正确	7	不正确每次扣 2 分		
	10	机床面板操作正确	7	不正确每次扣 2 分		
	11	手摇操作不出错	3	不正确每次扣 2 分		
	12	意外情况处理合理	3	不合理每次扣 2 分		
安全文明生产 （20%）	13	安全操作	10	不合格全扣		
	14	机床整理	10	不合格全扣		

知识拓展

镜像加工时的注意事项

通过本任务，可以看出在编程中适当采用镜像编程，可以减少程序编写的工作量，提高效率，但也存在着一些问题，需要根据加工实际情况进行处理。主要问题如下：

1）在指定平面内执行镜像指令时，如果程序中有圆弧指令，则刀具加工轨迹圆弧的旋转方向相反，即 G03 变为 G02，G02 变为 G03，但不会影响加工效果。

2）在指定平面内执行镜像指令时，如果程序中有刀具半径补偿，则刀具半径补偿的偏置方向相反，即 G41 变为 G42，G42 变为 G41。

3）在使用固定循环时，下面的量是不能镜像编程的。在使用深孔钻固定循环 G83、G73 指令时，切深（Q）和退刀量不使用镜像。在精镗 G76 和背镗 G87 指令中，移动方向不使用镜像。

4）在指定平面内执行镜像指令时，如果程序中有坐标系旋转指令，则坐标系旋转的方向相反，即顺时针变为逆时针。

5）在同时使用镜像、缩放和坐标系旋转指令时应注意，CNC 的数据处理顺序是从程序镜像到比例缩放和坐标系旋转，应按顺序指定指令，取消时相反。

6）在使用程序镜像功能时，如果中途发现程序有误，需要重新编辑，必须先停止程序运行，然后在 MDI 方式下取消镜像或者在程序的开头设置镜像取消程序段，否则会造成重新执行程序的轨迹错误。

思考练习

利用镜像功能完成图 5-3 所示零件中四个凹槽的加工（毛坯为 100mm×100mm×20mm 的 45 钢）。

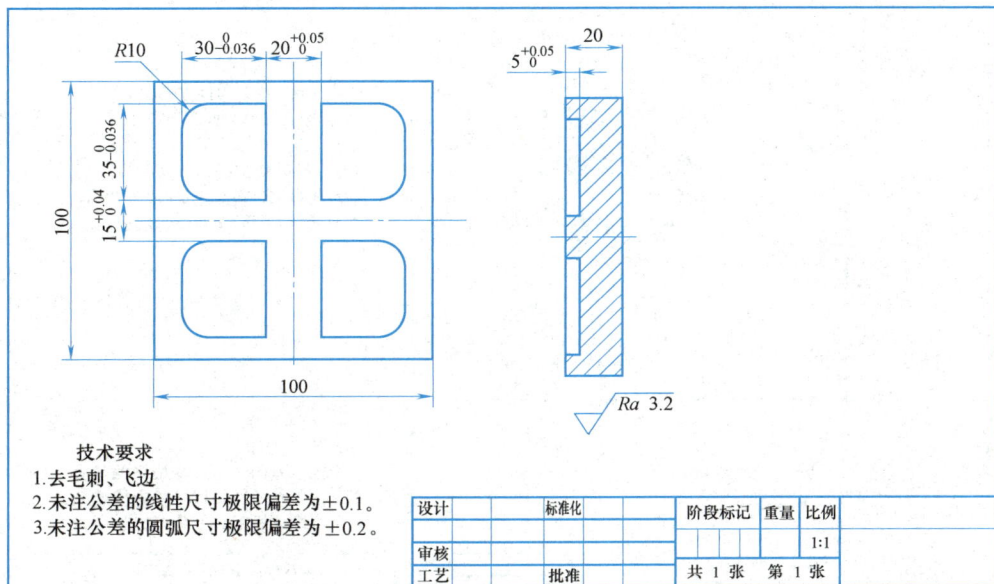

图 5-3　镜像零件图

佳句卡片

要不断学习，不断成长，以严谨的态度对待每一个产品。

任务二　旋转指令

知识点

➤ 理解数控系统旋转功能指令的含义。
➤ 旋转功能的指令程序。

技能点

➤ 学会利用数控系统旋转功能指令编程。
➤ 会应用旋转功能对均布性零件轮廓进行切削加工。

任务描述

图 5-4 所示零件的毛坯为 90mm×90mm×20mm 的 45 钢，试利用旋转功能指令编写其数控铣加工程序并进行加工。

知识链接

一、旋转功能

该指令可以使编程图形按指定旋转中心及旋转方向绕坐标系旋转一定的角度。

A点坐标：X=24.011,Y=30.260；
B点坐标：X=14.966,Y=27.245；
C点坐标：X=12.230,Y=15.654；
D点坐标：X=18.260,Y=9.624 ；
E点坐标：X=29.851,Y=12.361；
F点坐标：X=32.866,Y=21.406。

√ Ra 3.2

技术要求
1.去毛刺、飞边。
2.未注公差的线性尺寸极限偏差为±0.1。
3.未注公差的圆弧尺寸极限偏差为±0.2,
　角度尺寸极限偏差为±0.5°。

设计		标准化			阶段标记	重量	比例	
审核							1:1	
工艺		批准			共 1 张		第 1 张	

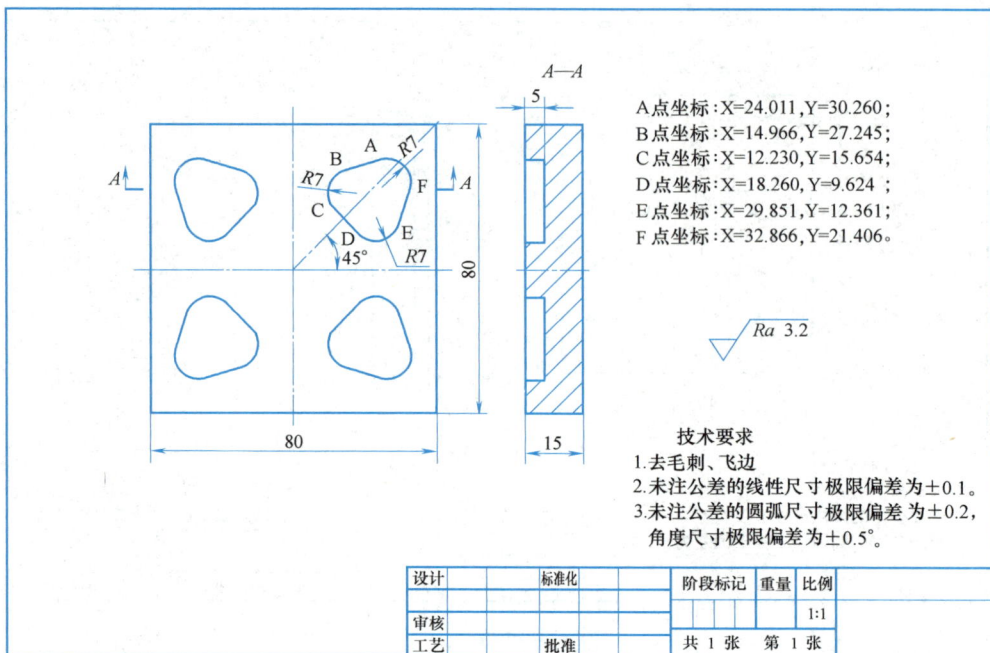

图 5-4　旋转零件图

二、指令格式

指令格式：

G68 X ___　Y ___　Z ___　P ___；
M98 P ___；
G69；

其中，

G68：进行坐标系旋转。

G69：取消旋转功能。

X、Y、Z：旋转中心的坐标值。

P：旋转角度，单位为（°），且 $-360° \leqslant P \leqslant 360°$。

G68、G69 为模态指令，可相互注销。G69 为默认值。

旋转指令
G68、G69

>> **温馨提示** ｜ 在有刀具补偿的情况下，先旋转后进行刀具补偿（包括刀具长度补偿，刀具半径补偿）；在有缩放功能的情况下，先缩放后旋转。

任务分析

根据零件图制订加工工艺，选择合适的刀具，运用旋转指令加工零件，并选择合适的量具对工件进行检测。

任务实施

1. 加工准备

（1）零件图工艺分析　该零件为轮廓类零件，外形为矩形；所用材料为 45 钢，材料硬度适中，便于加工，宜选择普通数控铣床加工。

（2）确定零件的装夹方式　由于该零件结构及其所对应的毛坯结构均为矩形，宜选机用平口钳装夹。

（3）加工顺序及走刀路线

1）建立工件坐标系，原点是工件的上表面中心。

2）下刀点为工件坐标系的（24，30，5）处。

3）加工顺序：用φ12mm立铣刀去余量并粗铣四个凹槽；用φ18mm立铣刀精铣底面、四个凹槽。

（4）切削用量

1）φ12mm立铣刀粗铣：主轴转速为1000r/min，进给速度为100mm/min。

2）φ12mm立铣刀精铣：主轴转速为1500r/min，进给速度为100mm/min。

（5）数控加工工艺卡　数控加工工艺卡见表5-7。

表5-7　数控加工工艺卡

数控加工工艺卡				工序号		工序内容	
				1		利用镜像加工四个凹槽	
				零件名称	材料	夹具	使用设备
				旋转功能零件	45钢	机用平口钳	华中数控
工步号	程序号	工步内容	刀具号	刀具	主轴转速 $n/(\mathrm{r/min})$	进给速度 $v_f/(\mathrm{mm/min})$	背吃刀量 a_p/mm	备注
1	O5201	去余量,粗铣四个凹槽	1	φ12mm立铣刀	1000	100	5	
2	O5202	精铣底面、四个凹槽	2	φ12mm立铣刀	1500	100	0.5	

2．编写加工程序

采用基本编程指令编写的数控铣加工参考程序见表5-8~表5-11。

表5-8　主程序一（去余量，粗铣四个凹槽）

刀具	φ12mm立铣刀	
程序段号	加工程序	程序说明
	O5201;	程序号
N10	G90 G80 G40 G49 G69 G17 G54 G25;	采用G54坐标系,取消各种功能
N20	G00 X0 Y0 Z100 G43 H01;	确定编程坐标系并建立刀具长度补偿
N30	M03 S1000;	主轴正转,转速为1000r/min
N40	M98 P0002 L1;	调用子程序O0002一次
N50	G68 X0 Y0 P90;	运用坐标系旋转指令使加工图形旋转90°
N60	M98 P0002 L1;	调用子程序O0002一次
N70	G68 X0 Y0 P180;	运用坐标系旋转指令使加工图形旋转180°
N80	M98 P0002 L1;	调用子程序O0002一次
N90	G68 X0 Y0 P270;	运用坐标系旋转指令使加工图形旋转270°
N100	M98 P0002 L1;	调用子程序O0002一次
N110	G49 Z100;	取消刀具长度补偿
N120	M05;	主轴停转
N130	M30;	程序结束

表 5-9　主程序二（精铣底面、四个旋转槽）

刀具	φ12mm 立铣刀	
程序段号	加工程序	程序说明
	O5202；	程序号
N10	G90 G80 G40 G49 G69 G17 G54 G25；	采用 G54 坐标系，取消各种功能
N20	G00 X0 Y0 Z100 G43 H02；	确定编程坐标系并建立刀具长度补偿
N30	M03 S1500；	主轴正转，转速为 1500r/min
N40	M98 P0003 L1；	调用子程序 O0003 一次
N50	G68 X0 Y0 P90；	运用坐标系旋转指令使加工图形旋转 90°
N60	M98 P0003 L1；	调用子程序 O0003 一次
N70	G68 X0 Y0 P180；	运用坐标系旋转指令使加工图形旋转 180°
N80	M98 P0003 L1；	调用子程序 O0003 一次
N90	G68 X0 Y0 P270；	运用坐标系旋转指令使加工图形旋转 270°
N100	M98 P0003 L1；	调用子程序 O0003 一次
N110	G49 Z100；	取消刀具长度补偿
N120	M05；	主轴停转
N130	M30；	程序结束

表 5-10　子程序一（粗铣旋转槽）

程序段号	加工程序	程序说明
	O0002；	程序号
N10	G41 X24.011 Y30.26 D01；	调用刀具半径补偿
N20	Z5；	进刀距离
N30	G01 Z-5 F50；	Z轴进刀，下刀深度为 5mm
N40	G01 X14.966 Y27.245 F100；	粗加工凹槽外形轮廓
N50	G03 X12.23 Y15.654 R7；	粗加工凹槽 R7mm 处外圆弧
N60	G01 X18.26 Y9.624；	粗加工凹槽外形轮廓
N70	G03 X29.851 Y12.361 R7；	粗加工凹槽 R7mm 处外圆弧
N80	G01 X32.866 Y21.406；	粗加工凹槽外形轮廓
N90	G03 X24.011 Y30.26 R7；	粗加工凹槽 R7mm 处外圆弧
N100	G00 Z100；	快速抬刀到安全位置
N110	M99；	返回主程序

表 5-11　子程序二（精铣旋转槽）

程序段号	加工程序	程序说明
	O0003；	程序号
N10	G41 X24.011 Y30.26 D01；	调用刀具半径补偿
N20	Z5；	进刀距离
N30	G01 Z-5 F50；	Z轴进刀，下刀深度为 5mm

（续）

程序段号	加工程序	程序说明
N40	G01 X14.966 Y27.245 F100;	粗加工凹槽外形轮廓
N50	G03 X12.23 Y15.654 R7;	粗加工凹槽 R7mm 处外圆弧
N60	G01 X18.26 Y9.624;	粗加工凹槽外形轮廓
N70	G03 X29.851 Y12.361 R7;	粗加工凹槽 R7mm 处外圆弧
N80	G01 X32.866 Y21.406;	粗加工凹槽外形轮廓
N90	G03 X24.011 Y30.26 R7;	粗加工凹槽 R7mm 处外圆弧
N100	G00 Z100;	快速抬刀到安全位置
N110	M99;	返回主程序

3. 数控加工

（1）零件自动运行前的准备

1）阅读零件图，检查毛坯材料的尺寸。

2）开机、返回机床参考点。

3）输入程序并检查该程序。

4）安装夹具，夹紧工件。用机用平口钳装夹，用百分表将机用平口钳的固定钳口侧面找正后压紧在工作台上，然后钳口处利用标准块垫平。工件装夹如图 5-2 所示。

（2）对刀、设定工件坐标系

1）X、Y 向对刀。通过寻边器进行对刀，得到 X、Y 零偏置值，并输入到 G54 中。

2）Z 向对刀。本任务采用一把刀具加工外轮廓，零件的上表面被设定为 Z=0 面，可以借助 Z 轴对刀仪对刀。Z 轴对刀仪放置时与零件上表面同一高度，刀具把 Z 轴对刀仪压下，将机床坐标值输入到 G54 中，本任务为负值。

3）输入刀具补偿值。将刀具的半径补偿值输入到对应的刀具半径补偿单元 D01 中。

4）调试程序。将工件坐标系的 Z 值正方向平移 50mm，按"启动"键，适当降低进给速度，检查刀具运动是否正确。

5）加工工件。将工件坐标系的 Z 值恢复原值，进给速度调到低档，按"循环启动"键。加工时适当调整主轴转速和进给速度，保证加工正常。

6）测量尺寸。程序执行完毕后，Z 轴返回到设定高度，机床自动停止。用游标卡尺检查外轮廓的尺寸是否合格，若不合格需要合理修改补偿值，再进行加工，直至合格为止。

7）加工结束。松开夹具，卸下工件，清理机床。

任务评价

旋转功能零件加工任务评价见表 5-12。

表 5-12　旋转功能零件加工任务评价

项目与权重	序号	技术要求	配分	评分标准	检测记录	得分
工件质量（40%）	1	R7mm（12 处）	12	超差 0.01mm 扣 1 分		
	2	表面粗糙度值 Ra3.2μm	12	超差 0.01mm 扣 1 分		

（续）

项目与权重	序号	技术要求	配分	评分标准	检测记录	得分
工件质量 （40%）	3	45°（四处）	8	超差一处扣1.5分		
	4	5mm	8	超差0.01mm扣1分		
程序与加工工艺 （20%）	5	程序格式规范	7	不规范每处扣2分		
	6	程序正确、完整	7	不正确每处扣2分		
	7	工艺合理	3	不合理每处扣1分		
	8	程序参数合理	3	不合理每处扣1分		
机床操作 （20%）	9	对刀及坐标系设定正确	7	不正确每次扣2分		
	10	机床面板操作正确	7	不正确每次扣2分		
	11	手摇操作不出错	3	不正确每次扣2分		
	12	意外情况处理合理	3	不合理每次扣2分		
安全文明生产 （20%）	13	安全操作	10	不合格全扣		
	14	机床整理	10	不合格全扣		

知识拓展

比例缩放指令的使用方法及注意事项

1. 沿各轴以相同比例放大或缩小（各轴比例因子相等）

指令格式及含义：

G51 X__ Y__ Z__ P__；　　　缩放开始。缩放有效，移动指令按比例缩放

G50；　　　　　　　　　　　　缩放方式取消

其中，

X、Y、Z：比例缩放中心，以绝对值指定。

P：缩放比例，范围为1~999999，即0.0001~999.999倍。

该程序缩放功能是按照相同的比例（P），使X、Y、Z坐标所指定的尺寸放大或缩小。比例可以在程序中指定，还可用参数指定。G51指令需要在单独的程序段内给定。在图形放大或缩小之后，用G50指令取消缩放方式。按相同比例缩放示意图如图5-5所示。

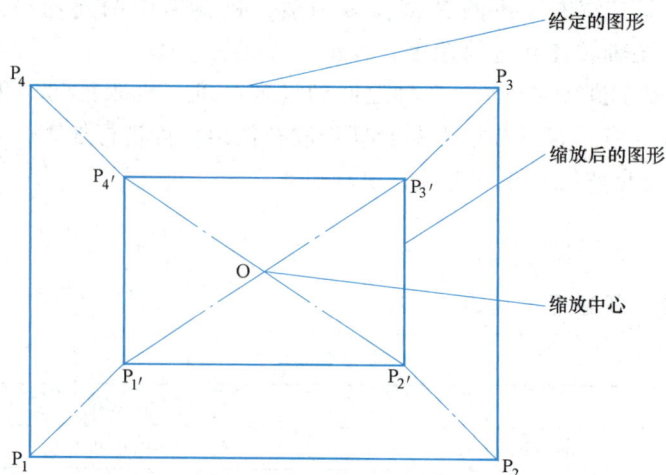

图5-5　按相同比例缩放示意图

2．各轴比例因子的单独指定

通过对各轴指定不同的比例，可以按各自比例缩放各轴。指令格式及含义如下：

G51 X ＿ Y ＿ Z ＿ I ＿ J ＿ K ＿；   缩放中心

G50；   缩放取消

其中，

X、Y、Z：比例缩放中心坐标，以绝对值指定。

I、J、K：分别与X、Y和Z轴对应的缩放比例（比例因子），取值范围为±1～±999999，即±0.0001～±999.999倍。小数点编程不能用于指定I、J、K。

该程序缩放功能是：按照各坐标轴不同的比例（由I、J、K指定），使X、Y和Z坐标所指定的尺寸放大或缩小。G51指令需要在单独的程序段内给定。在图形放大或缩小之后，用G50指令取消缩放方式。按各自比例缩放示意图如图5-6所示。

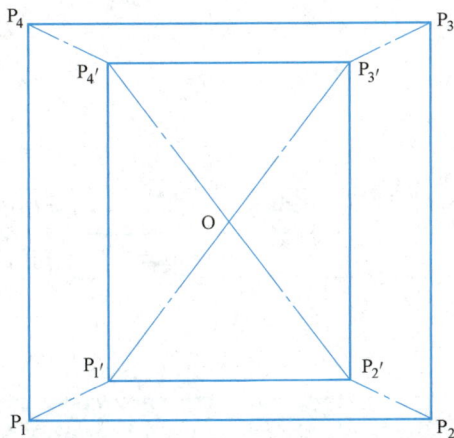

图 5-6 按各自比例缩放示意图

3．使用比例缩放功能时的注意事项

1）在单独程序段指定G51，比例缩放之后必须用G50注销。

2）当不指定P而是把参数设定值用作比例系数时，在执行G51指令时，就把设定值作为比例系数。任何其他指令不能改变这个值。

3）无论比例缩放是否有效，都可以用参数设定各轴的比例系数。G51方式下，比例缩放功能对圆弧半径R始终有效，与这些参数无关。

4）比例缩放对存储器运行或MDI操作有效，对手动操作无效。

5）比例缩放的无效。在固定循环中不能使用缩放功能。

6）关于回参考点和坐标系的指定。当坐标系未被指定时，不能使用缩放功能。

7）比例缩放结果按四舍五入圆整后，有可能使移动量变为零。此时，程序段被视为无运动程序段，若用刀具半径补偿将影响刀具的运动。

思考练习

利用旋转功能完成图5-7所示零件中凹槽的加工（毛坯为80mm×80mm×15mm的45钢）。

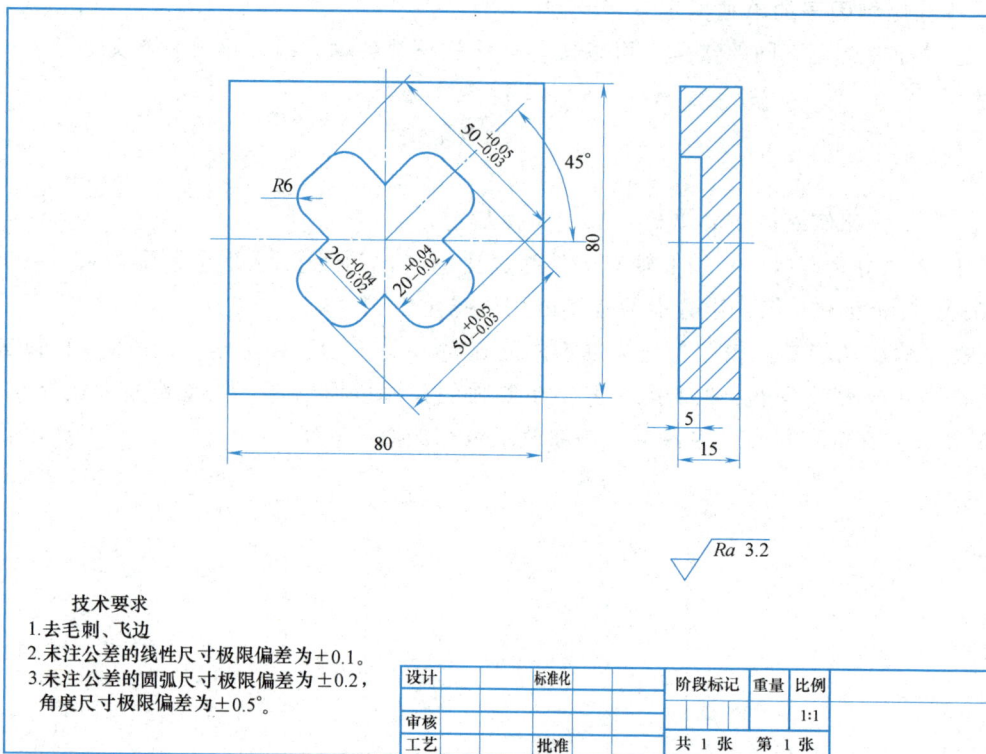

图 5-7　旋转零件图

技术要求
1.去毛刺、飞边
2.未注公差的线性尺寸极限偏差为±0.1。
3.未注公差的圆弧尺寸极限偏差为±0.2，
　角度尺寸极限偏差为±0.5°。

设计		标准化		阶段标记	重量	比例	
						1:1	
审核							
工艺		批准		共 1 张	第 1 张		

佳句卡片

事无巨细，皆须精益求精。

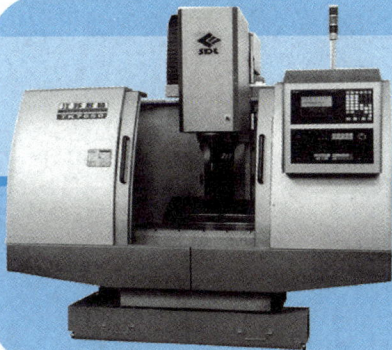

项目六

数控铣工中级职业技能鉴定模拟试题

学 习 目 标

- 知道中级工应会的零件加工的相关工艺知识。
- 能熟练使用华中数控系统指令编制程序。
- 掌握刀具半径补偿、长度补偿指令及其使用方法。
- 能了解数控铣床中级掌握的考试准备内容。
- 能独立完成数控铣床中级工应会零件的加工并能检测加工质量。

引言

本项目包含五套数控铣工中级职业技能鉴定模拟试题，是对前面五个项目的综合应用和提高。通过本项目的学习，要求学生了解数控铣工中级职业技能鉴定考试的相关内容，以及试题难度及考核重点、难点。

任务一　数控铣工中级职业技能鉴定模拟试题一

任务描述

加工图 6-1 所示工件，毛坯尺寸为 100mm×100mm×20mm，材料为硬铝，试编写其数控铣加工程序并进行加工。

任务准备

一、考场准备

1. 设备准备（表 6-1）

表 6-1　设备

名　称	型　号	数　量	要　求
数控机床	HNC-21M 系统数控铣床	每人一台	考场准备
机用平口钳	125 或相应型号	每台机床一台	考场准备

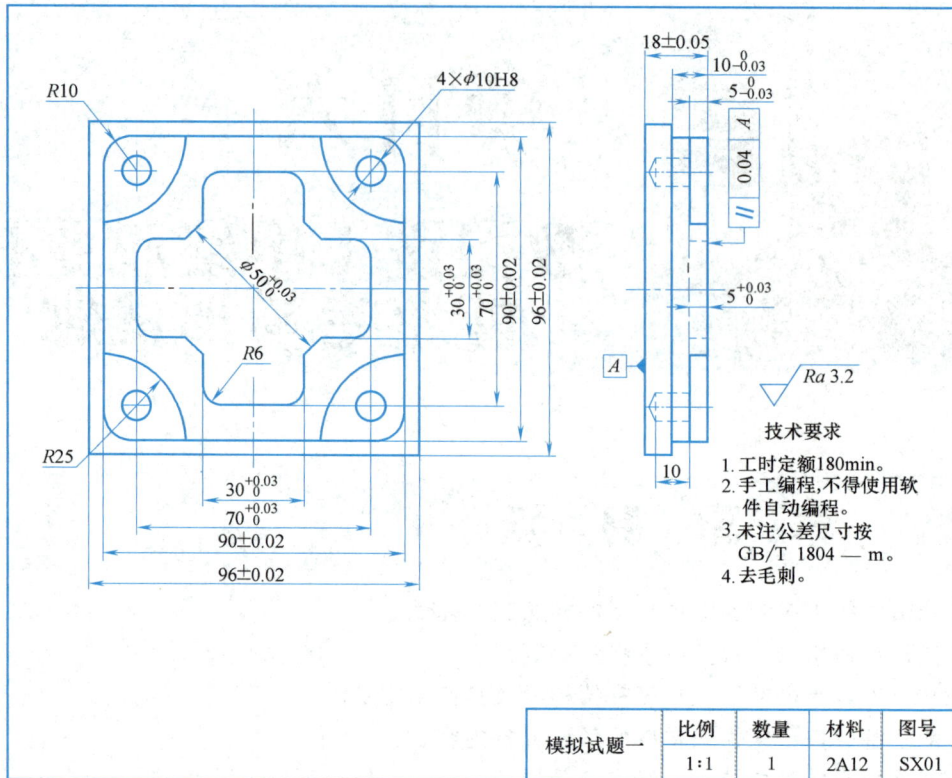

图 6-1　模拟试题一工件图

2. 材料准备（表 6-2）

表 6-2　材料

名　　称	规　　格	数　　量	要　　求
硬铝	100mm×100mm×20mm	每位考生一块	考场准备

3. 考场准备说明

1）考场面积：每位考生一般不少于 $8m^2$。

2）每位考生工位面积不少于 $4m^2$。

3）过道宽度不小于 2m。

4）考场铣床数量以 20~40 台为宜。

5）每个工位应配有一个 $0.5m^2$ 的台面供考生摆放工、量、刃具。

6）考场电源功率必须能满足所有设备正常起动的要求。

7）考场应配有相应数量的清扫工具。

8）每个考场需配有电刻笔及编号工位。

4. 考场人员配备要求

1）考评员数量与考生人数之比为 1：10。

2）每个考场至少配机修钳工、维修电工、医护人员各一名。

3）考评员、工作人员（机修钳工、维修电工、医护人员）必须于考试前 30min 到达考场。

二、考生准备

考生准备内容见表 6-3。

表 6-3　考生准备内容

项目	序号	名　称	规　格	数量	备注
量具	1	普通游标卡尺	0~150mm,分度值为 0.02mm	1 把	
	2	外径千分尺	75~100mm,分度值为 0.01mm	1 把	
	3	内测千分尺	25~50mm,分度值为 0.01mm	1 套	
	4	深度千分尺	0~25mm,分度值为 0.01mm	1 把	
	5	光孔塞规	$\phi10H8$	1 把	
	6	半径样板	$R15~R30mm$	1 把	
	7	百分表(及表座)	0~3mm,分度值为 0.01mm	1 套	
刀具	8	立铣刀	$\phi16mm$	1 把	
	9	立铣刀	$\phi12mm$	1 把	
	10	立铣刀	$\phi10mm$	1 把	
	11	麻花钻	$\phi9.8mm$	1 把	
	12	机用铰刀	$\phi10H8$	1 把	
其他	13	铜皮	厚 0.2~0.4mm	若干	
	14	平行垫块	自定	若干	
	15	扁锉	自定	1 把	

注：自备弹性夹头、毛刷、扳手、铜棒等。

任务评价

模拟试题一任务评价见表 6-4。

表 6-4　模拟试题一任务评价

工件编号				姓名		得分		
机床编号								
考核项目	序号	考核要求	配分	评分标准		检测结果	得分	备注
外形	1	(96±0.02)mm	6	超差不得分(每处 3 分)				2 处
	2	(90±0.02)mm	6	超差不得分(每处 3 分)				2 处
	3	$R10mm$	4	超差不得分(每处 1 分)				4 处
圆弧槽	4	$R25mm$	4	超差不得分(每处 1 分)				4 处
型腔	5	$30^{+0.03}_{0}mm$	4	超差不得分(每处 1 分)				4 处
	6	$70^{+0.03}_{0}mm$	4	超差不得分(每处 2 分)				2 处
	7	$\phi50^{+0.03}_{0}mm$	4	超差不得分				
	8	$R6mm$	4	超差不得分				8 处
孔	9	$\phi10H8$	8	超差不得分(每处 0.5 分)				4 处
	10	$70^{+0.03}_{0}mm$	4	超差不得分				4 处
深度	11	$10^{0}_{-0.03}mm$	2	超差不得分				
	12	$5^{0}_{-0.03}mm$	2	超差不得分				
	13	$5^{+0.03}_{0}mm$	2	超差不得分				

（续）

考核项目	序号	考核要求	配分	评分标准	检测结果	得分	备注
高度	14	(18±0.05)mm	2	超差不得分			
表面粗糙度值	15	$Ra3.2\mu m$	13	超差一处扣1分,扣完为止			多处
毛刺	16		3	一处未去除扣1分,扣完为止			
平行度	17	0.04mm	6	超差不得分			
程序编制	18		10	1)程序要完整,自动编程连续加工(除对刀找正外,不允许手动加工) 2)加工中有违反数控工艺(如未按小批量生产条件编程等)酌情扣分			
其他项目	19		2	工件必须完整,局部无缺陷(夹伤等)			
规范操作与文明生产	20		10	每违反一项规定扣2分,最多扣10分;发生重大事故者取消考试资格			
总分			100				

注：额定加工时间为180min，到时间停止加工。

考评员：＿＿＿＿＿＿＿、＿＿＿＿＿＿＿　　评分人：＿＿＿＿＿＿＿

年　月　日

任务二　数控铣工中级职业技能鉴定模拟试题二

任务描述

加工图6-2所示工件，毛坯尺寸为100mm×100mm×20mm，材料为硬铝，试编写其数控铣加工程序并进行加工。

任务准备

一、考场准备

1. 设备准备（表6-5）

表6-5　设备

名　称	型　号	数　量	要　求
数控机床	HNC-21M系统数控铣床	每人一台	考场准备
机用平口钳	125或相应型号	每台机床一台	考场准备

2. 材料准备（表6-6）

表6-6　材料

名　称	规　格	数　量	要　求
硬铝	100mm×100mm×20mm	每位考生一块	考场准备

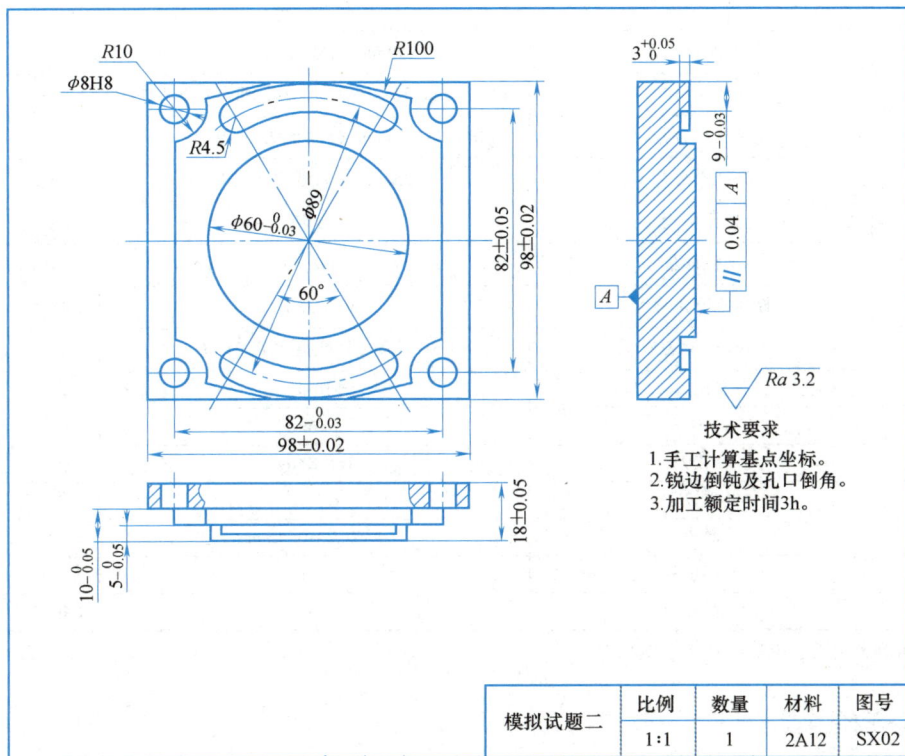

图 6-2 模拟试题二工件图

3. 考场准备说明

1）考场面积：每位考生一般不少于 $8m^2$。

2）每位考生工位面积不少于 $4m^2$。

3）过道宽度不小于 2m。

4）考场铣床数量以 20~40 台为宜。

5）每个工位应配有一个 $0.5m^2$ 的台面供考生摆放工、量、刃具。

6）考场电源功率必须能满足所有设备正常起动的要求。

7）考场应配有相应数量的清扫工具。

8）每个考场需配有电刻笔及编号工位。

4. 考场人员配备要求

1）考评员数量与考生人数之比为 1∶10。

2）每个考场至少配机修钳工、维修电工、医护人员各一名。

3）考评员、工作人员（机修钳工、维修电工、医护人员）必须于考试前 30min 到达考场。

二、考生准备

考生准备内容及要求详见表 6-7。

表 6-7　数控铣工操作技能考核模拟二准备通知单

项目	序号	名　称	规　格	数量	备注
量具	1	普通游标卡尺	0~150mm，分度值为 0.02mm	1把	
	2	外径千分尺	50~75mm、75~100mm，分度值均为 0.01mm	1套	
	3	内测千分尺	25~50mm，分度值为 0.01mm	1套	
	4	深度千分尺	0~25mm，分度值为 0.01mm	1把	
	5	光孔塞规	ϕ8H8	1把	
	6	半径样板	R6~R14.5mm、R15~R30mm	1套	
	7	游标万能角度尺	0°~320°	1把	
	8	百分表（及表座）	0~3mm，分度值为 0.01mm	1套	
刀具	9	立铣刀	ϕ16mm	1把	
	10	立铣刀	ϕ8mm	1把	
	11	麻花钻	ϕ7.8mm	1把	
	12	机用铰刀	ϕ8H8	1把	
其他	13	铜皮	厚 0.2~0.4mm	若干	
	14	平行垫块	自定	若干	
	15	扁锉	自定	1把	

注：自备弹性夹头、毛刷、扳手、铜棒等。

任务评价

模拟试题二任务评价见表 6-8。

表 6-8　模拟试题二任务评价

工件编号			姓名		得分		
机床编号							
考核项目	序号	考核要求	配分	评分标准	检测结果	得分	备注
外形	1	(98±0.02)mm	6	超差不得分（每处3分）			2处
	2	$\phi 60_{-0.03}^{0}$mm	5	超差不得分			
	3	$82_{-0.03}^{0}$mm	4	超差不得分（每处2分）			2处
	4	R100mm	2	超差不得分（每处1分）			2处
圆弧槽	5	R10mm	4	超差不得分（每处1分）			4处
腰形凸台	6	R4.5mm	4	超差不得分（每处1分）			4处
	7	$9_{-0.03}^{0}$mm	6	超差不得分（每处3分）			2处
	8	60°	4	超差不得分（每处2分）			2处
	9	ϕ89mm	3	超差不得分（每处1.5分）			2处
孔	10	ϕ8H8	8	超差不得分（每处2分）			4处
	11	(82±0.05)mm	4	超差不得分（每处2分）			2处
深度	12	$10_{-0.05}^{0}$mm	2	超差不得分			
	13	$5_{-0.05}^{0}$mm	2	超差不得分			
	14	$3_{0}^{+0.05}$mm	2	超差不得分			

（续）

考核项目	序号	考核要求	配分	评分标准	检测结果	得分	备注
高度	15	（18±0.05）mm	2	超差不得分			
表面粗糙度值	16	$Ra3.2\mu m$	12	超差一处扣1分，扣完为止			多处
毛刺	17		4	一处未去除扣1分，扣完为止			
平行度	18	0.04mm	6				
程序编制	19		8	1）程序要完整，自动编程连续加工（除对刀找正外，不允许手动加工） 2）加工中有违反数控工艺（如未按小批量生产条件编程等）酌情扣分			
其他项目	20		2	工件必须完整，局部无缺陷（夹伤等）			
规范操作与文明生产	21		10	每违反一项规定扣2分，最多扣10分；发生重大事故者取消考试资格			
总分			100				

注：额定加工时间为180min，到时间停止加工。

考评员：＿＿＿＿＿＿＿＿＿、＿＿＿＿＿＿＿＿＿　　　评分人：＿＿＿＿＿＿＿＿＿

年　　月　　日

任务三　　数控铣工中级职业技能鉴定模拟试题三

任务描述

加工图6-3所示工件，毛坯尺寸为100mm×100mm×20mm，材料为硬铝，试编写其数控铣加工程序并进行加工。

任务准备

一、考场准备

1. 设备准备（表6-9）

表6-9　设备

名　称	型　号	数　量	要　求
数控机床	HNC-21M 系统数控铣床	每人一台	考场准备
机用平口钳	125 或相应型号	每台机床一台	考场准备

2. 材料准备（表6-10）

表6-10　材料

名　称	规　格	数　量	要　求
硬铝	100mm×100mm×20mm	每位考生一块	考场准备

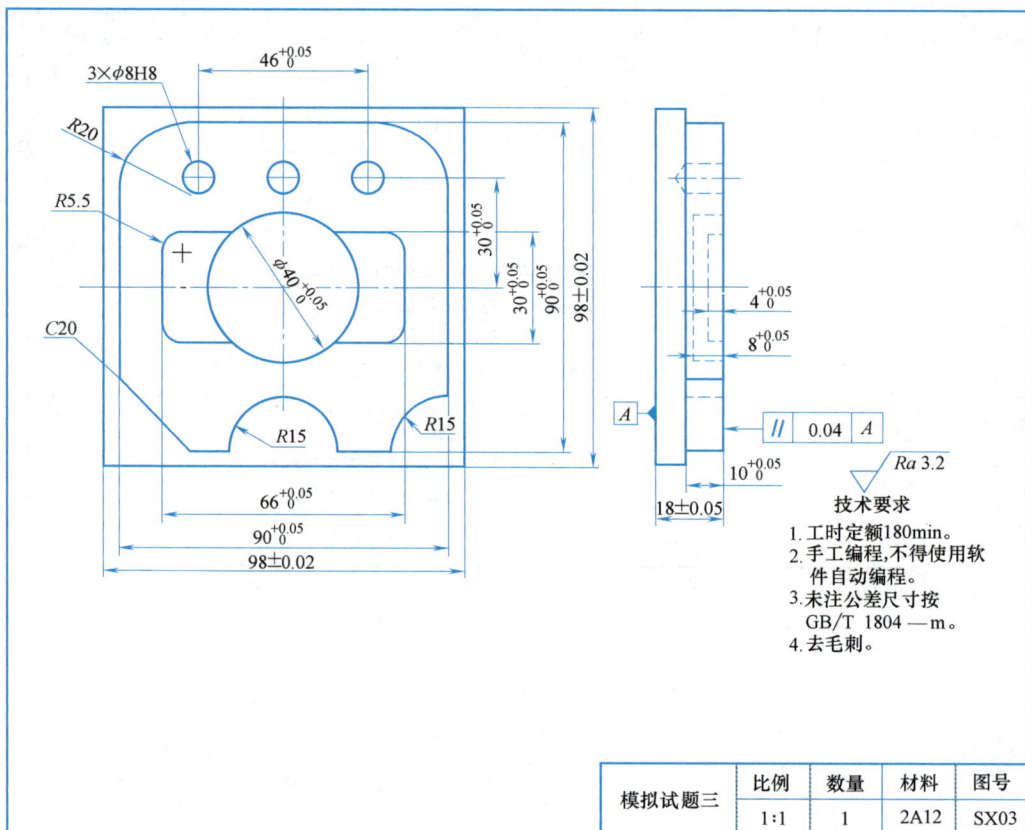

图 6-3　模拟试题三工件图

3. 考场准备说明

1）考场面积：每位考生一般不少于 $8m^2$。

2）每位考生工位面积不少于 $4m^2$。

3）过道宽度不小于 $2m$。

4）考场铣床数量以 20~40 台为宜。

5）每个工位应配有一个 $0.5m^2$ 的台面供考生摆放工、量、刃具。

6）考场电源功率必须能满足所有设备正常起动的要求。

7）考场应配有相应数量的清扫工具。

8）每个考场需配有电刻笔及编号工位。

4. 考场人员配备要求

1）考评员数量与考生人数之比为 1∶10。

2）每个考场至少配机修钳工、维修电工、医护人员各一名。

3）考评员、工作人员（机修钳工、维修电工、医护人员）必须于比赛前 30min 到达考场。

二、考生准备

考生准备内容见表 6-11。

表 6-11　考生准备内容

项目	序号	名　称	规　格	数量	备注
量具	1	普通游标卡尺	0~150mm,分度值为 0.02mm	1 把	
	2	外径千分尺	75~100mm,分度值为 0.01mm	1 把	
	3	内测千分尺	25~50mm,分度值为 0.01mm	1 套	
	4	深度千分尺	0~25mm,分度值为 0.01mm	1 把	
	5	光孔塞规	$\phi 8H8$	1 把	
	6	半径样板	$R15~R30mm$	1 把	
	7	游标万能角度尺	0°~320°	1 把	
	8	百分表(及表座)	0~3mm,分度值为 0.01mm	1 套	
刀具	9	立铣刀	$\phi 16mm$	1 把	
	10	立铣刀	$\phi 10mm$	1 把	
	11	麻花钻	$\phi 7.8mm$	1 把	
	12	机用铰刀	$\phi 8H8$	1 把	
其他	13	铜皮	厚 0.2~0.4mm	若干	
	14	平行垫块	自定	若干	
	15	扁锉	自定	1 把	

注：自备弹性夹头、毛刷、扳手、铜棒等。

任务评价

模拟试题三任务评价见表 6-12。

表 6-12　模拟试题三任务评价

工件编号			姓名		总分		
机床编号							
考核项目	序号	考核要求	配分	评分标准	检测结果	得分	备注
外形	1	$(98\pm0.02)mm$	8	超差不得分(每处 4 分)			2 处
	2	$90^{+0.05}_{0}mm$	8	超差不得分(每处 4 分)			2 处
	3	$R20mm$	2	超差不得分(每处 1 分)			2 处
	4	$R15mm$	2	超差不得分(每处 1 分)			2 处
倒角	5	$C20$	3	超差不得分			
型腔	6	$66^{+0.05}_{0}mm$	4	超差不得分			
	7	$30^{+0.05}_{0}mm$	4	超差不得分			
	8	$R5.5mm$	4	超差不得分(每处 1 分)			4 处
	9	$\phi 40^{+0.05}_{0}mm$	4	超差不得分			
孔	10	$\phi 8H8$	6	超差不得分(每处 2 分)			3 处
	11	$46^{+0.05}_{0}mm$	6	超差不得分			
	12	$30^{+0.05}_{0}mm$	4	超差不得分			

（续）

考核项目	序号	考核要求	配分	评分标准	检测结果	总分	备注
深度	13	$10^{+0.05}_{0}$ mm	2	超差不得分			
	14	$4^{+0.05}_{0}$ mm	2	超差不得分			
	15	$8^{+0.05}_{0}$ mm	2	超差不得分			
高度	16	（18±0.05）mm	2	超差不得分			
表面粗糙度值	17	$Ra3.2\mu m$	12	超差一处扣1分,扣完为止			多处
毛刺	18		5	一处未去除扣1分,扣完为止			
程序编制	19		8	1）程序要完整,自动编程连续加工（除对刀找正外,不允许手动加工） 2）加工中有违反数控工艺（如未按小批量生产条件编程等）酌情扣分			
其他项目	20		2	工件必须完整,局部无缺陷（夹伤等）			
规范操作与文明生产	21		10	每违反一项规定扣2分,最多扣10分;发生重大事故者取消考试资格			
总分			100				

注：额定加工时间为180min，到时间停止加工。

考评员：＿＿＿＿＿＿＿＿＿＿、＿＿＿＿＿＿＿＿＿＿ 评分人：＿＿＿＿＿＿＿＿＿＿

年 月 日

任务四　　数控铣工中级职业技能鉴定模拟试题四

任务描述

加工图6-4所示工件，毛坯尺寸为100mm×100mm×20mm，材料为硬铝，试编写其数控铣加工程序并进行加工。

任务准备

一、考场准备

1. 设备准备（表6-13）

表6-13　设备

名　称	型　号	数　量	要　求
数控机床	HNC-21M 系统数控铣床	每人一台	考场准备
机用平口钳	125 或相应型号	每台机床一台	考场准备

2. 材料准备（表6-14）

表6-14　材料

名　称	规　格	数　量	要　求
硬铝	100mm×100mm×20mm	每位考生一块	考场准备

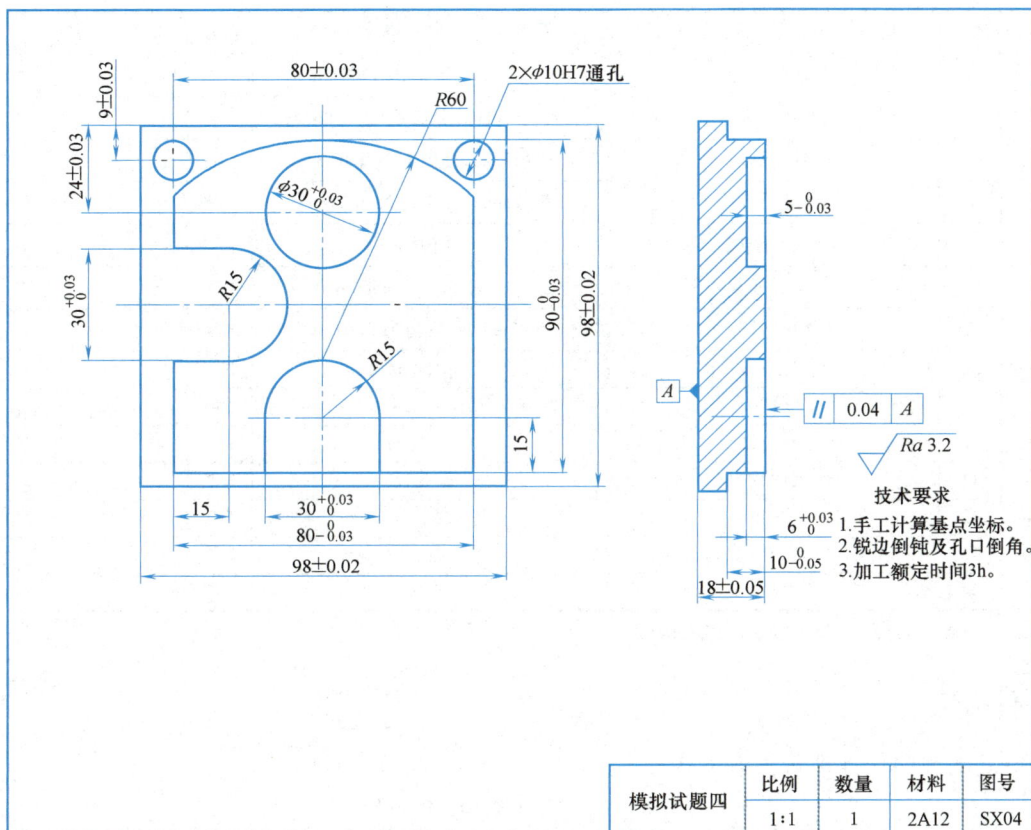

图 6-4 模拟试题四工件图

3. 考场准备说明

1) 考场面积：每位考生一般不少于 $8m^2$。

2) 每位考生工位面积不少于 $4m^2$。

3) 过道宽度不小于 $2m$。

4) 考场铣床数量以 $20 \sim 40$ 台为宜。

5) 每个工位应配有一个 $0.5m^2$ 的台面供考生摆放工、量、刃具。

6) 考场电源功率必须能满足所有设备正常起动的要求。

7) 考场应配有相应数量的清扫工具。

8) 每个考场需配有电刻笔及编号工位。

4. 考场人员配备要求

1) 考评员数量与考生人数之比为 $1:10$。

2) 每个考场至少配机修钳工、维修电工、医护人员各一名。

3) 考评员、工作人员（机修钳工、维修电工、医护人员）必须于考试前 $30min$ 到达考场。

二、考生准备

考生准备内容见表 6-15。

表 6-15　考生准备内容

项目	序号	名　称	规　格	数量	备注
量具	1	普通游标卡尺	0~150mm，分度值为 0.02mm	1 把	
	2	外径千分尺	75~100mm，分度值为 0.02mm	1 把	
	3	内测千分尺	0~25mm，分度值为 0.01mm	1 套	
	4	深度千分尺	0~25mm，分度值为 0.01mm	1 把	
	5	光孔塞规	ϕ10H7	1 把	
	6	半径样板	R15~R30mm	1 把	
	7	百分表（及表座）	0~3mm，分度值为 0.01mm	1 套	
刀具	8	立铣刀	ϕ16mm	1 把	
	9	立铣刀	ϕ10mm	1 把	
	10	麻花钻	ϕ9.8mm	1 把	
	11	机用铰刀	ϕ10H7	1 把	
其他	12	铜皮	厚 0.2~0.4mm	若干	
	13	平行垫块	自定	若干	
	14	扁锉	自定	1 把	

注：自备弹性夹头、毛刷、扳手、铜棒等。

任务评价

模拟试题四任务评价见表 6-16。

表 6-16　模拟试题四任务评价

工件编号			姓名		得分		
机床编号							
考核项目	序号	考核要求	配分	评分标准	检测结果	得分	备注
外形	1	(98±0.02)mm	8	超差不得分（每处 4 分）			2 处
	2	R60mm	2	超差不得分			
	3	$90_{-0.03}^{0}$mm	6	超差不得分			
	4	$80_{-0.03}^{0}$mm	5	超差不得分			
型腔	5	$\phi30_{0}^{+0.03}$mm	4	超差不得分			
	6	(24±0.03)mm	4	超差不得分			
U 槽	7	$30_{0}^{+0.03}$mm	8	超差不得分（每处 4 分）			2 处
	8	R15mm	2	超差不得分（每处 1 分）			2 处
	9	15mm	2	超差不得分（每处 1 分）			2 处
孔	10	ϕ10H7	8	超差不得分（每处 4 分）			2 处
	11	(80±0.03)mm	2	超差不得分			
	12	(9±0.03)mm	4	超差不得分（每处 2 分）			2 处
深度	13	$10_{-0.05}^{0}$mm	2	超差不得分			
	14	$5_{-0.03}^{0}$mm	2	超差不得分			
	15	$6_{0}^{+0.03}$mm	2	超差不得分			

（续）

考核项目	序号	考核要求	配分	评分标准	检测结果	得分	备注
高度	16	（18±0.05）mm	2	超差不得分			
表面粗糙度值	17	$Ra3.2\mu m$	12	超差一处扣1分，扣完为止			多处
毛刺	18		5	一处未去除扣1分，扣完为止			
程序编制	19		8	1）程序要完整，自动编程连续加工（除对刀找正外，不允许手动加工） 2）加工中有违反数控工艺（如未按小批量生产条件编程等）酌情扣分			
其他项目	20		2	工件必须完整，局部无缺陷（夹伤等）			
规范操作与文明生产	21		10	每违反一项规定扣2分，最多扣10分；发生重大事故者取消考试资格			
总分			100				

注：额定加工时间为180min，到时间停止加工。

考评员：_____、_____　　　评分人：_____

年　　月　　日

任务五　数控铣工中级职业技能鉴定模拟试题五

任务描述

加工图6-5所示工件，毛坯尺寸为100mm×100mm×20mm，材料为硬铝，试编写其数控铣加工程序并进行加工。

任务准备

一、考场准备

1. 设备准备（表6-17）

表6-17　设备

名　　称	型　　号	数　　量	要　　求
数控机床	HNC-21M系统数控铣床	每人一台	考场准备
机用平口钳	125或相应型号	每台机床一台	考场准备

2. 材料准备（表6-18）

表6-18　材料

名　　称	规　　格	数　　量	要　　求
硬铝	100mm×100mm×20mm	每位考生一块	考场准备

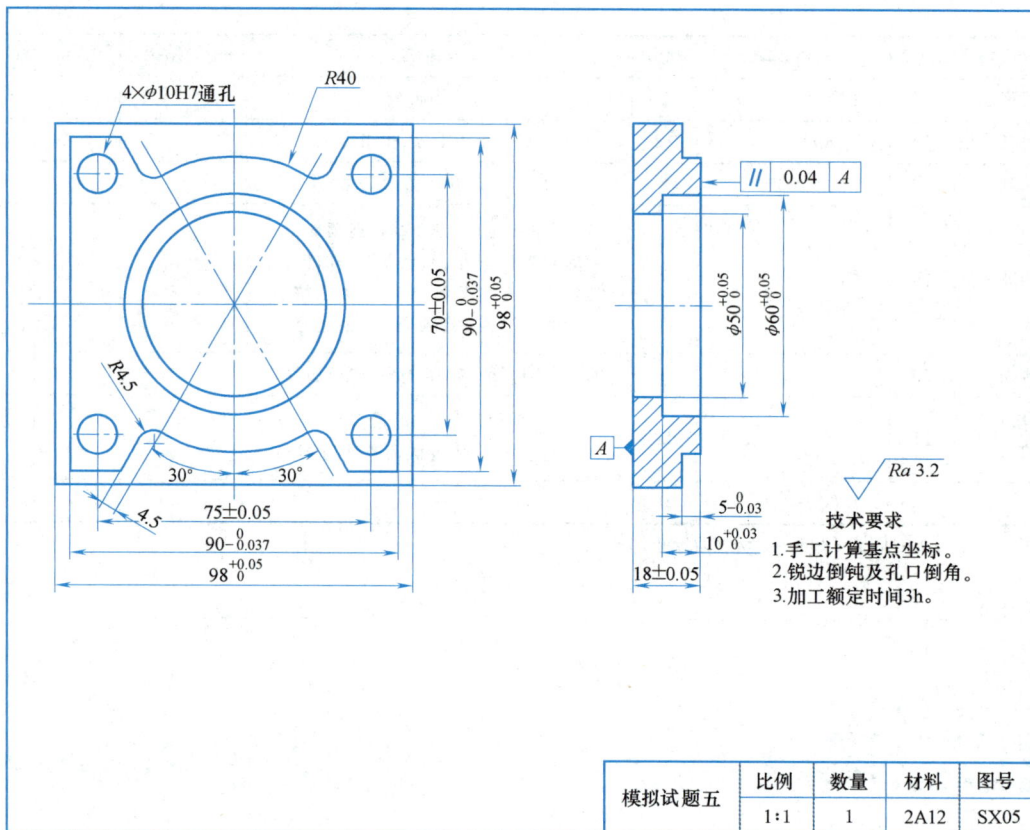

图 6-5　模拟试题五工件图

3. 考场准备说明

1）考场面积：每位考生一般不少于 $8m^2$。

2）每位考生工位面积不少于 $4m^2$。

3）过道宽度不小于 2m。

4）考场铣床数量以 20~40 台为宜。

5）每个工位应配有一个 $0.5m^2$ 的台面供考生摆放工、量、刃具。

6）考场电源功率必须能满足所有设备正常起动的要求。

7）考场应配有相应数量的清扫工具。

8）每个考场需配有电刻笔及编号工位。

4. 考场人员配备要求

1）考评员数量与考生人数之比为 1：10。

2）每个考场至少配机修钳工、维修电工、医护人员各一名。

3）考评员、工作人员（机修钳工、维修电工、医护人员）必须于考试前 30min 到达考场。

二、考生准备

考生准备内容见表 6-19。

表 6-19　考生准备内容

项目	序号	名　称	规　格	数量	备注
量具	1	普通游标卡尺	0~150mm，分度值为 0.02mm	1 把	
	2	外径千分尺	75~100mm，分度值为 0.01mm	1 把	
	3	内测千分尺	25~50mm、50~75mm，分度值为 0.01mm	1 套	
	4	深度千分尺	0~25mm，分度值为 0.01mm	1 把	
	5	光孔塞规	ϕ10H7	1 把	
	6	半径样板	$R1~R6$mm	1 把	
	7	游标万能角度尺	0°~320°	1 把	
	8	百分表（及表座）	0~3mm，分度值为 0.01mm	1 套	
刀具	9	立铣刀	ϕ16mm	1 把	
	10	立铣刀	ϕ8mm	1 把	
	11	麻花钻	ϕ9.8mm	1 把	
	12	机用铰刀	ϕ10H7	1 把	
其他	13	铜皮	厚 0.2~0.4mm	若干	
	14	平行垫块	自定	若干	
	15	扁锉	自定	1 把	

注：自备弹性夹头、毛刷、扳手、铜棒等。

任务评价

模拟试题五任务评价见表 6-20。

表 6-20　模拟试题五任务评价

工件编号			姓名		总分		
机床编号							
考核项目	序号	考核要求	配分	评分标准	检测结果	得分	备注
外形	1	$98^{+0.05}_{0}$mm	6	超差不得分（每处 3 分）			2 处
	2	$90^{0}_{-0.037}$mm	6	超差不得分（每处 3 分）			2 处
异形开口槽	3	30°	4	超差不得分（每处 1 分）			4 处
	4	$R4.5$mm	4	超差不得分（每处 1 分）			4 处
	5	4.5mm	4	超差不得分（每处 1 分）			4 处
	6	$R40$mm	4	超差不得分			
圆形孔	7	$\phi60^{+0.05}_{0}$mm	6	超差不得分			
	8	$\phi50^{+0.05}_{0}$mm	5	超差不得分			
孔	9	ϕ10H7	8	超差不得分（每处 2 分）			4 处
	10	（70±0.05）mm	4	超差不得分（每处 1 分）			4 处
深度	11	$10^{+0.03}_{0}$mm	2	超差不得分			
	12	$5^{0}_{-0.03}$mm	2	超差不得分			

（续）

考核项目	序号	考核要求	配分	评分标准	检测结果	得分	备注
总厚度	13	(18±0.05)mm	2	超差不得分			
表面粗糙度值	14	$Ra3.2\mu m$	12	超差一处扣1分,扣完为止			多处
毛刺	15		5	一处未去除扣1分,扣完为止			
平行度	16	0.04mm	4	超差不得分			
	17						
程序编制	18		10	1)程序要完整,自动编程连续加工 （除对刀找正外,不允许手动加工） 2)加工中有违反数控工艺(如未按小 批量生产条件编程等)酌情扣分			
其他项目	19		2	工件必须完整,局部无缺陷(夹伤等)			
规范操作与 文明生产	20		10	每违反一项规定扣2分,最多扣10分； 发生重大事故者取消考试资格			
总分			100				

注：额定加工时间为180min,到时间停止加工。

考评员：_____、_____   评分人：_____

年　　月　　日

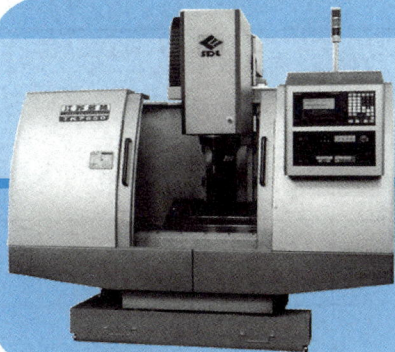

附　录

一、SIEMENS802D 数控指令格式

表 A-1　支持的 G 指令

分类	分组	指令	意　义	格　式	备　注
插补	1	G0	快速线性移动(笛卡儿坐标系)	G0　X＿＿　Y＿＿　Z＿＿;	
		*G1	带进给率的线性插补(笛卡儿坐标系)	G1　X＿＿　Y＿＿　Z＿＿ F＿＿;	
		G2	顺时针圆弧(笛卡儿坐标系, 终点+圆心)	G2　X＿＿　Y＿＿　Z＿＿ I＿＿　J＿＿　K＿＿　F＿＿;	X、Y、Z 确定终点,I、J、K 确定圆心
			顺时针圆弧(笛卡儿坐标系, 终点+半径)	G2　X＿＿　Y＿＿　Z＿＿ CR＝＿＿　F＿＿;	X、Y、Z 确定终点,CR 为半径(大于 0 为优弧,小于 0 为劣弧)
			顺时针圆弧(笛卡儿坐标系, 圆心+圆心角)	G2 AR＝＿＿　I＿＿　J＿＿ K＿＿　F＿＿;	AR 确定圆心角(0°~360°),I、J、K 确定圆心
			顺时针圆弧(笛卡儿坐标系, 终点+圆心角)	G2 AR＝＿＿　X＿＿　Y＿＿ Z＿＿　F＿＿;	AR 确定圆心角(0°~360°),X、Y、Z 确定终点
		G3	逆时针圆弧(笛卡儿坐标系, 终点+圆心)	G3 X＿＿　Y＿＿　Z＿＿ I＿＿　J＿＿　K＿＿　F＿＿;	
			逆时针圆弧(笛卡儿坐标系, 终点+半径)	G3 X＿＿　Y＿＿　Z＿＿ CR＝＿＿　F＿＿;	
			逆时针圆弧(笛卡儿坐标系, 圆心+圆心角)	G3 AR＝＿＿　I＿＿　J＿＿ K＿＿　F＿＿;	
			逆时针圆弧(笛卡儿坐标系, 终点+圆心角)	G3 AR＝＿＿　X＿＿　Y＿＿ Z＿＿　F＿＿;	
		G5	通过中间点进行圆弧插补	G5　X＿＿　Y＿＿　Z＿＿ I＿＿　J＿＿　K＿＿　F＿＿;	通过起始点和终点之间的中间点位置确定圆弧的方向,G5 一直有效,直到被 G 功能组中的其他指令取代为止
		G33	攻螺纹孔	G33 G2　X＿＿　Y＿＿ Z＿＿　I＿＿　J＿＿　K＿＿;	攻螺纹深度由一个 X、Y 或 Z 给定螺距由 I、J 或 K 确定螺距的符号确定主轴旋向,正:右旋(同 M3);负:左旋(同 M4)

（续）

分类	分组	指令	意　义	格　式	备　注
暂停	2	G4	通过在两个程序段之间插入一个 G4 程序段,可以使加工中断给定的时间	G4 F ＿； G4 S ＿；	F:暂停时间(s) S:暂停主轴转速
平面	6	* G17	指定 OXY 平面	G17；	
		G18	指定 OZX 平面	G18；	
		G19	指定 OYZ 平面	G19；	
主轴运动	3	G25	通过在程序中写入 G25 或 G26 指令和地址 S 下的转速,可以限制特定情况下主轴的极限值范围	G25 S＿；	主轴转速下限
		G26		G26 S＿；	主轴转速上限
增量设置	14	* G90	绝对尺寸	G90；	
		G91	增量尺寸	G91；	
单位	13	G70	英制单位输入	G70；	
		* G71	公制单位输入	G71；	
可设定的零点偏移	9	G53	取消可设定零点偏移(程序段方式有效)	G53；	
	8	* G500	取消可设定零点偏移(模态有效)	G500；	
		G54	设定零点偏移值	G54；	
		G55	设定零点偏移值	G55；	
		G56	设定零点偏移值	G56；	
		G57	设定零点偏移值	G57；	
进给	15	* G94	分进给率	G94；	mm/min
		G95	主轴进给率	G95；	mm/r
可编程的零点偏移	3	G158	对所有坐标轴编程零点偏移	G158；	后面的 G158 指令取代先前的可编程零点偏移指令;在程序段中仅输入 G158 指令而后面不跟坐标轴名称时,表示取消当前的可编程零点偏移
	2	G74	回参考点(原点)	G74 X＿ Y＿ Z＿；	G74 之后的程序段原"插补方式"组中的 G 指令将再次生效;G74 需要一独立程序段,并按程序段方式有效
		G75	返回固定点	G75 X＿ Y＿ Z＿	G75 之后的程序段原"插补方式"组中的 G 指令将再次生效;G75 需要一独立程序段,并按程序段方式有效
刀具补偿	7	* G40	取消刀具半径补偿	G40	进行刀具半径补偿时必须有相应的 D 号才能有效;刀具半径补偿只有在线性插补时才能选择
		G41	左侧刀具半径补偿	G41	
		G42	右侧刀具半径补偿	G42	

(续)

分类	分组	指令	意 义	格 式	备 注
刀具补偿	18	*G450	刀具补偿时拐角走圆角	G450	圆弧过渡 刀具中心轨迹为一个圆弧,其起点为前一曲线的终点,终点为后一曲线的起点,半径等于刀具半径 圆弧过渡在运行下一个带运行指令的程序段时才有效
		G451	刀具补偿时到交点时再拐角	G451	交点 回刀具中心轨迹交点——以刀具半径为距离的等距线交点

注:加 * 的功能程序启动时生效。

表 A-2 支持的 M 指令

指令	意 义	格 式	功 能
M0	编程停止		
M1	选择性暂停		
M2	主程序结束		
M3	主轴正转		
M4	主轴反转		
M5	主轴停转		
M6	换刀(默认设置)	M6	选择第 n 号刀,n 的范围为 0~32000,T0 取消刀具选择 T 生效且对应补偿 D 生效 H 补偿在 Z 轴移动时才有效
M17	子程序结束		若单独执行子程序,则此功能与 M2 和 M30 相同
M30	主程序结束且返回		

表 A-3 固定循环指令

指 令	说 明	指 令	说 明
CYCLE82	中心钻孔	CYCLE85	铰孔
CYCLE83	深孔钻削	CYCLE86	镗孔
CYCLE84	刚性攻螺纹	CYCLE88	带停止镗孔

二、FANUC 0i 系统数控指令格式

表 A-4 支持的 G 指令组及其含义

G 指令	组别	解 释	G 指令	组别	解 释
*G00	01	定位(快速移动)	G04	00	暂停
G01		直线进给	*G17	02	OXY 平面选择
G02		顺时针切圆弧	G18		OXZ 平面选择
G03		逆时针切圆弧	G19		OYZ 平面选择

（续）

G 指令	组别	解　释	G 指令	组别	解　释
G20	06	英制输入	G81	09	中心钻循环
G21		公制输入	G82		钻孔循环或反镗孔循环
G27	00	返回参考点检测	G83		深孔钻削循环
G28		机床返回参考点	G84		右螺旋切削循环
G29		从参考点返回	G85		镗孔循环
G30		机床返回第二参考点	G86		镗孔循环
*G40	07	取消刀具直径偏移	G87		反向镗孔循环
G41		刀具半径左偏移	G88		镗孔循环
G42		刀具半径右偏移	G89		镗孔循环
*G43	08	刀具长度正方向偏移	*G90	03	使用绝对值命令
*G44		刀具长度负方向偏移	G91		使用相对值命令
*G49		取消刀具长度偏移	G92	00	设置工件坐标系
G73	09	高速深孔钻循环	*G94	05	每分进给
G74		左螺旋切削循环	G95		每转进给
G76		精镗孔循环	G98	10	固定循环返回起始点
*G80		取消固定循环	*G99		返回固定循环 R 点

注：带 * 的为初始状态。

表 A-5　支持的辅助功能（M 功能）

指　令	说　明	指　令	说　明
M00	程序停	M30	程序结束（复位）并回到开头
M01	选择停止	M48	主轴过载取消不起作用
M02	程序结束	M49	主轴过载取消起作用
M03	主轴正转（CW）	M60	APC 循环开始
M04	主轴反转（CCW）	M80	分度台正转（CW）
M05	主轴停	M81	分度台反转（CCW）
M06	换刀	M94	镜像取消
M08	切削液开	M95	X 坐标镜像
M09	切削液关	M96	Y 坐标镜像
M19	主轴定向停止	M98	子程序调用
M28	返回原点	M99	子程序结束

三、华中世纪星数控铣床数控指令格式

表 A-6　支持的 G 指令组及其含义

G 指令	组别	解　释	G 指令	组别	解　释
*G00	01	定位（快速移动）	G02	01	顺时针切圆弧
G01		直线切削	G03		逆时针切圆弧

（续）

G 指令	组别	解　释	G 指令	组别	解　释
G04	00	暂停	G58	11	工件坐标系 5 选择
G07	16	虚轴指定	G59		工件坐标系 6 选择
G09	00	准停校验	G60	00	单方向定位
* G17		OXY 平面选择	* G61	12	精确停止校验方式
G18	02	OXZ 平面选择	G64		连续方式
G19		OYZ 平面选择	G68	05	旋转变换
G20		英制输入	* G69		旋转取消
* G21	08	公制输入	G73		高速深孔钻削循环
G22		脉冲当量	G74		左螺旋切削循环
G24	03	镜像开	G76		精镗孔循环
* G25		镜像关	* G80		取消固定循环
G28	00	返回到参考点	G81		定心钻孔循环
G29		由参考点返回	G82		钻孔循环
* G40		取消刀具直径偏移	G83	06	深孔钻削循环
G41	09	刀具直径左偏移	G84		右螺旋切削循环
G42		刀具直径右偏移	G85		镗孔循环
G43		刀具长度正方向偏移	G86		镗孔循环
G44	08	刀具长度负方向偏移	G87		反向镗孔循环
* G49		取消刀具长度偏移	G88		镗孔循环
* G50	04	缩放关	G89		镗孔循环
G51		缩放开	* G90	13	使用绝对值命令
G52	00	局部坐标设定	G91		使用增量值命令
G53		直接机床坐标系编程	G92	00	设置工件坐标系
* G54		工件坐标系 1 选择	* G94	14	每分钟进给
G55		工件坐标系 2 选择	G95		每转进给
G56	11	工件坐标系 3 选择	* G98	15	固定循环返回起始点
G57		工件坐标系 4 选择	G99		返回固定循环 R 点

注：带 * 的为初始状态。

表 A-7　支持的辅助功能（M 功能）

M 指令	模态	说　明	M 指令	模态	说　明
M00	非模态	程序停止	M07	模态	切削液开
M02	非模态	程序结束	M09	模态	切削液关
M03	模态	主轴正转（CW）	M30	非模态	程序结束（复位）并回到开头
M04	模态	主轴反转（CCW）	M98	非模态	子程序调用
M05	模态	主轴停止转动	M99	非模态	子程序结束
M06	非模态	换刀			

注：M00、M02、M30、M98、M99 用于控制零件程序的走向，是 CNC 内定的辅助功能，不由机床制造商设计决定，也就是说，与 PLC 程序无关；其余 M 指令用于机床各种辅助功能的开关动作，其功能不由 CNC 内定，而是由 PLC 程序指定，所以有可能因机床制造厂不同而有差异（表内为标准 PLC 指定的功能）。

四、广州数控 990M 数控指令格式

表 A-8　支持的 G 指令组及其含义

G 指令	组别	解　释	G 指令	组别	解　释
G00		定位（快速移动）	G65	00	宏程序调用
*G01		直线插补（切削进给）	G73		钻深孔循环
G02	01	圆弧插补 CW（顺时针）	G74		左旋攻螺纹循环
G03		圆弧插补 CCW（逆时针）	G76		精镗循环
G04		暂停，准停	*G80		固定循环注销
G10	00	偏移值设定	G81		钻孔循环（点钻循环）
*G17		OXY 平面选择	G82		钻孔循环（镗阶梯孔循环）
G18	02	OZX 平面选择	G83		深孔钻循环
G19		OYZ 平面选择	G84		攻螺纹循环
G20		英制数据输入	G85		镗孔循环
G21	06	公制数据输入	G86		钻孔循环
			G87	09	反镗孔循环
			G88		镗孔循环
G27	00	返回参考点检查	G89		镗孔循环
G28		返回参考点			
G29		由参考点返回			
G31		测量功能			
G39		拐角偏移圆弧插补			
*G40		刀具半径补偿注销			
G41	07	左侧刀具半径补偿			
G42		右侧刀具半径补偿			
G43		正方向刀具长度偏移			
G44	08	负方向刀具长度偏移			
*G49		刀具长度偏移注销	*G90	03	绝对值编程
*G54		工件坐标系 1	G91		增量值编程
G55		工件坐标系 2	G92	00	坐标系设定
G56		工件坐标系 3			
G57	05	工件坐标系 4			
G58		工件坐标系 5	*G98	10	在固定循环中返回初始平面
G59		工件坐标系 6	G99		返回 R 点（在固定循环中）

注：1. 带 * 的 G 指令，当电源接通时，系统处于这个 G 指令的状态。G20、G21 为电源切断前的状态；G00、G01 可以用参数设定来选择。

2. 00 组的 G 指令是一次性 G 指令。

3. 如果使用了列表中没出现的 G 指令，系统会报警。

表 A-9　支持的辅助功能（M 功能）

M 指令	说　明	M 指令	说　明
M00	程序暂停，按"循环启动"键程序继续执行	M11	松开
M03	主轴正转	M30	程序结束，程序返回开始
M04	主轴反转	M32	切削液开
M05	主轴停止转动	M33	切削液关
M08	切削液开	M98	子程序调用
M09	切削液关	M99	子程序结束
M10	夹紧		

注：GSK990M 无刀具（换刀）功能。

五、操作面板

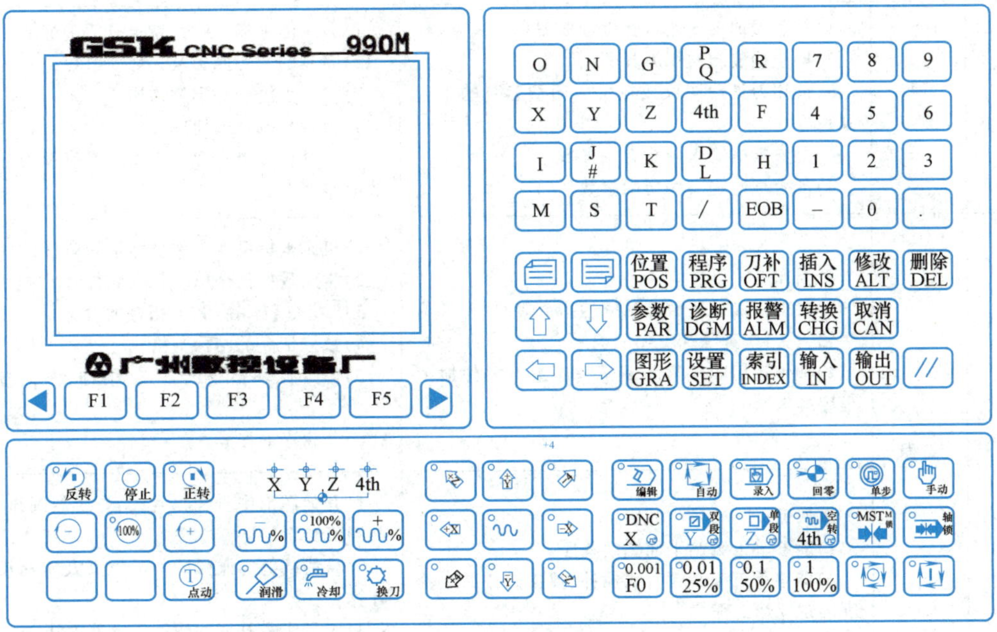

图 A-1　广州数控机床操作面板

附录 B　数控铣床操作工（中级）国家职业标准要求

职业功能	工作内容	技能要求	相关知识
工艺准备	读图与绘图	1）能读懂等速凸轮、齿轮、离合器、带直线成形面等中等复杂程度零件的工作图 2）能读懂零件的材料、尺寸公差、几何公差、表面粗糙度及其他技术要求 3）能手工绘制带斜面或沟槽的轴等简单零件的工作图 4）能掌握标准件和常用件的表示法 5）能读懂分度头尾架、弹簧夹头套筒、可转位铣刀等简单机构的装配图 6）能用 CAD 软件绘制简单零件的工作图	1）复杂零件的表达方法 2）零件材料、尺寸公差、几何公差、表面粗糙度等的基本知识 3）简单零件工作图的画法 4）标准件和常用件的规定画法 5）简单机构装配图的画法 6）用计算机绘制简单零件工作图的基本方法

（续）

职业功能	工作内容	技 能 要 求	相 关 知 识
工艺准备	制订加工工艺	1）能正确选择加工零件的工艺基准 2）能确定工步顺序、工步内容及切削参数 3）能熟练进行零件加工节点的计算 4）能编制矩形体、平行孔系、圆弧曲面等一般难度工件的数控加工工艺卡	1）一般复杂程度工件的数控加工工艺编制方法 2）钻、铣、扩、铰、镗、攻螺纹等的工艺特点 3）加工余量的选择方法
	工件定位与夹紧	1）能正确选择工件的定位基准 2）能正确使用机用平口钳、压板、夹钳等通用夹具 3）能正确安装、调整夹具 4）能用量表找正工件 5）能正确夹紧工件	1）定位、夹紧的原理及方法 2）机用平口钳、压板等通用夹具的调整及使用方法 3）量表的使用方法
	刀具准备	1）能依据加工工艺卡合理选取刀具 2）能正确装卸常用刀具 3）能用刀具预调仪或在机内测量刀具的半径及长度 4）能够准确输入刀具有关参数 5）能合理确定有关切削参数	1）刀具的种类、结构、特点及适用范围 2）刀具的选用原则及其切削参数 3）刀具系统的种类及结构 4）刀具预调仪的使用方法 5）刀具长度补偿值、半径补偿值及刀号等参数的输入方法
编程技术	手工编程	孔类加工 1）能够正确运用数控系统的指令代码，手工编制钻、扩、铰、镗等孔类加工程序 2）能够运用固定循环及子程序进行零件加工程序的编制	1）机床坐标系及工件坐标系的概念 2）常用数控指令（G指令、M指令）的含义 3）S指令、T指令和F指令的含义 4）数控指令的结构与格式 5）固定循环指令的含义、结构、格式与编程方法 6）子程序的嵌套
		面加工 1）能够手工编制平面铣削程序 2）能够手工编制含直线插补、圆弧插补二维轮廓的铣削加工程序	1）几何图形中直线与直线、直线与圆弧、圆弧与圆弧交点的计算方法 2）直线插补与圆弧插补的意义及坐标尺寸的计算 3）刀具半径补偿的作用及计算方法
	自动编程	1）能够生成平面轮廓、平面区域的刀具轨迹并生成铣削加工程序 2）各种加工参数的设置 3）CAD/CAM软件中刀具参数的设置 4）刀具的各种切入、切出轨迹的选择 5）能根据不同的数控系统设置后置处理程序，生成程序，并能够对轨迹进行修正和编辑 6）会利用数控系统验证数控程序	1）CAD/CAM软件的使用方法 2）刀具参数的设置方法 3）刀具轨迹生成的方法 4）各种材料切削用量的数据 5）有关刀具切入、切出的方法对加工质量影响的知识 6）后置处理程序的设置和使用方法，并生成程序
	数控加工仿真	1）数控仿真软件基本操作和显示操作 2）仿真软件模拟装夹、刀具准备、输入加工程序、加工参数设置 3）模拟数控系统面板的操作 4）模拟机床面板的操作 5）实施仿真加工过程以及加工程序检查 6）利用仿真软件手工编程	1）常见数控系统面板操作和使用知识 2）常见机床面板操作方法和使用知识 3）三维图形软件的显示操作技术 4）数控加工手工编程

（续）

职业功能	工作内容	技　能　要　求	相　关　知　识
基本操作与维护	基本操作	1）能正确阅读数控铣床操作说明书 2）能按照操作规程启动及停止机床 3）能正确使用操作面板上的各种功能键 4）能通过操作面板手动输入加工程序及有关参数，能进行程序传输 5）能进行程序的编辑、修改 6）能设定工件坐标系 7）能正确调入、调出所选刀具 8）能正确修正刀具补偿参数 9）能使用程序试运行、分段运行及自动运行等切削运行方式 10）能进行加工程序试切削并做出正确判断 11）能正确使用程序图形显示、再启动功能 12）能正确操作机床完成平行孔系及简单型面等加工	1）数控铣床操作说明书 2）操作面板的使用方法 3）手工输入程序的方法及外部计算机自动输入加工程序的方法 4）程序的编辑与修改方法 5）机床坐标系与工件坐标系的含义及其关系 6）相对坐标系、绝对坐标系的含义 7）修正刀具补偿参数的方法 8）程序试切削方法 9）程序各种运行方式的操作方法 10）程序图形显示、再启动功能的操作方法 11）平行孔系及简单型面的加工方法
	日常维护	1）能进行加工前机、电、气、液、开关等常规检查 2）能在加工完毕后，清理机床及周围环境 3）能进行数控铣床的日常保养与调整	1）数控铣床安全操作规程 2）日常保养的方法与内容 3）数控铣床的工作原理及调整方法
工件加工	孔加工	能对单孔进行钻、扩、铰加工	麻花钻、扩孔钻及铰刀的功用
	平面铣削	能铣削平面、垂直面、斜面、阶梯面等，尺寸公差等级达 IT9，表面粗糙度值达 $Ra6.3\mu m$	1）铣刀的种类及功用 2）加工精度的影响因素 3）常用金属材料的可加工性
	平面内、外轮廓铣削	能铣削二维直线、圆弧轮廓工件，且尺寸公差等级达 IT9，表面粗糙度值达 $Ra6.3\mu m$	
	运行给定程序	能读懂、检查及运行给定的三维加工程序	1）三维坐标的概念 2）程序检查方法
精度检验	内、外径检验	1）能使用游标卡尺测量工件内、外径 2）能使用内径百（千）分表测量工件内径 3）能使用外径千分尺测量工件外径	1）游标卡尺的使用方法 2）内径百（千）分表的使用方法 3）外径千分尺的使用方法
	长度检验	1）能使用游标卡尺测量工件长度 2）能使用外径千分尺测量工件长度	
	深（高）度检验	能使用游标卡尺或深（高）度尺测量深（高）度	1）深度尺的使用方法 2）高度尺的使用方法
	角度检验	能够使用角度尺检验工件角度	角度尺的使用方法
	型面检验	能用常用量具及量块、正弦规、卡规、塞规等检验斜面、台阶、沟槽	量块、正弦规、卡规、塞规的用途及使用保养方法
	机内检验	能利用机床的位置显示功能自检工件的有关尺寸	机床坐标的位置显示功能

参 考 文 献

[1]　朱明松，王翔. 数控铣床编程与操作项目教程 [M]. 3 版. 北京：机械工业出版社，2019.

[2]　刘端品. 数控铣床加工 [M]. 北京：机械工业出版社，2010.

[3]　周晓宏. 数控铣削工艺与技能训练 [M]. 2 版. 北京：机械工业出版社，2018.

[4]　徐卫东. 数控铣削加工 [M]. 北京：高等教育出版社，2013.

[5]　刘振强. 数控铣工项目训练教程 [M]. 北京：高等教育出版社，2011.

[6]　张宁菊. 数控铣削编程与加工 [M]. 3 版. 北京：机械工业出版社，2019.

[7]　杨伟群. 数控工艺培训教程 [M]. 北京：清华大学出版社，2002.

[8]　韩鸿鸾. 数控铣工加工中心操作工（中级）[M]. 北京：机械工业出版社，2010.

[9]　霍苏萍. 数控铣削加工工艺编程与操作 [M]. 北京：人民邮电出版社，2009.

[10]　浙江省教育厅职成教教研室. 数控铣床编程与加工技术 [M]. 北京：高等教育出版社，2010.

[11]　吴晓光. 数控加工工艺与编程 [M]. 武汉：华中科技大学出版社，2010.